EXPLORATION SCIENTIFIQUE DE LA TUNISIE

DESCRIPTION

DE

QUELQUES FOSSILES

NOUVEAUX OU CRITIQUES

DES

TERRAINS TERTIAIRES ET SECONDAIRES

DE LA TUNISIE

RECUEILLIS EN 1885 ET 1886

PAR M. PHILIPPE THOMAS

MEMBRE DE LA MISSION DE L'EXPLORATION SCIENTIFIQUE DE LA TUNISIE

PARIS

IMPRIMERIE NATIONALE

M DCCC XCIII

EXPLORATION
SCIENTIFIQUE
DE LA TUNISIE

PUBLIÉE

SOUS LES AUSPICES DU MINISTÈRE DE L'INSTRUCTION PUBLIQUE

PALÉONTOLOGIE

QUELQUES FOSSILES DES TERRAINS TERTIAIRES ET SECONDAIRES

EXPLORATION SCIENTIFIQUE DE LA TUNISIE

DESCRIPTION

DE

QUELQUES FOSSILES

NOUVEAUX OU CRITIQUES

DES

TERRAINS TERTIAIRES ET SECONDAIRES

DE LA TUNISIE

RECUEILLIS EN 1885 ET 1886

PAR M. PHILIPPE THOMAS

MEMBRE DE LA MISSION DE L'EXPLORATION SCIENTIFIQUE DE LA TUNISIE

PARIS

IMPRIMERIE NATIONALE

M DCCC XCIII

AVERTISSEMENT

Ce fascicule renferme la description des Végétaux, ainsi que celle des Animaux invertébrés et vertébrés des terrains tertiaires et secondaires du sud de la Tunisie, qui n'ont pu trouver place dans les fascicules déjà parus. Pour la commodité de la description, ces derniers ont été groupés dans l'ordre zoologique. L'auteur remercie les savants qui ont bien voulu lui prêter leur précieux concours pour la détermination de ces restes organisés fossiles : M. Fliche pour les végétaux, MM. Peron, Locard et Schlumberger pour les invertébrés, MM. Gaudry et Sauvage pour les vertébrés.

Montpellier, janvier 1893.

DESCRIPTION

DE

QUELQUES FOSSILES

NOUVEAUX OU CRITIQUES

DES

TERRAINS TERTIAIRES ET SECONDAIRES

DE LA TUNISIE

VÉGÉTAUX FOSSILES.

Dans toute la région sud des hauts-plateaux tunisiens, il existe un singulier et puissant atterrissement à éléments détritiques, à stratification tantôt régulière, tantôt confuse, se maintenant à un niveau assez élevé (800 mètres et au delà), recouvrant la plupart des formations secondaires et tertiaires qui constituent les plis synclinaux des chaînes de montagnes et formant le substratum des plaines et des vallées actuelles. Il est difficile de dire quelle a pu être exactement la genèse de cet immense et puissant dépôt, lequel semble participer à la fois des dépôts sédimentaires fluvio-marins ou d'estuaires, des dépôts fluvio-lacustres à faciès calme ou torrentiel et des dépôts éoliens. Je me bornerai à dire ici que j'ai établi, sur les lieux mêmes, la continuité directe de cet atterrissement avec celui du nord de Biskra, que l'ingénieur Tissot a marqué de la lettre grecque Σ sur sa carte géologique au $\frac{1}{800000}$ du département de Constantine et dont j'ai montré, dans un mémoire spécial, les étroites relations paléontologiques et stratigraphiques avec la formation pliocène des environs de Constantine (1). Cette continuité peut se constater avec la plus grande facilité sur la frontière algérienne, depuis Tebessa jusqu'à Négrine.

A la base de ce dépôt, on observe de longues traînées de sables ou de marnes sableuses micacées, en couches horizontales souvent très régulièrement stratifiées, alternant parfois avec des bancs plus ou moins épais de grès noir ferrugineux (*hadjar moul*), les sables contiennent assez souvent des valves plus ou moins brisées et roulées d'*Ostrea crassissima* Lamk et *Gingensis* Schloth. A un niveau un peu plus élevé, des sables quartzeux jaunes ou des marnes sableuses rouges à stratification souvent confuse renferment, avec de menus débris d'huîtres, des moules d'hélices voisines de l'*Helix Semperiana* Crosse, espèce caractéristique des marnes

---

(1) Ph. Thomas, in Mém. Soc. géol. France, [illegible]

et des calcaires lacustres pliocènes de Constantine; enfin, à ce dernier niveau, on trouve encore, par places, de nombreux fragments de branches et de troncs d'arbres complètement silicifiés, dont l'aspect extérieur rappelle exactement les troncs silicifiés des fameuses forêts pétrifiées des environs du Caire (Égypte).

Parmi les nombreux échantillons de ces végétaux recueillis par moi dans la formation dont je viens d'esquisser à grands traits les caractères principaux, M. le professeur Fliche, de l'École forestière de Nancy, a reconnu les espèces ou les genres suivants, lesquels identifient complètement cette flore avec celle des environs du Caire ou du désert Libyque, dont il vient d'être parlé[1].

GYMNOSPERMES.

Araucarioxylon Ægyptiacum Krauss, in Unger, *Sitzungsberichte der kais. Akad. Wien*, XXXII [1858].

«Quelques fragments de bois de Conifères entièrement silicifiés présentent beaucoup de ressemblance avec cette espèce; cependant certains caractères, notamment la hauteur des rayons, paraissent le séparer du type habituel[2].»

M. Crié, à l'occasion de son exposition de bois fossiles, à Paris, en 1889, a cité cette espèce d'après un échantillon du sud de la Tunisie, qui lui a été communiqué par M. l'ingénieur des mines Auber.

Tunisie : Oued Mamoura (près Feriana); Djebel Cherichira? – Bled-Douara (à l'ouest de Gafsa), d'après M. Crié. — Étage pliocène.

Algérie : Amra, Taademit (env. de Laghouat, dép. d'Alger); Franchetti, Djemenbou-Resk (dép. d'Oran), d'après des échantillons communiqués à M. Fliche par MM. Le Mesle et Guntz. — Étage pliocène?

MONOCOTYLÉDONES.

Bambusites Thomasi Fliche, in *Compt. rend. Acad. sc.*, CVII [1888], 570.

«Moule d'un fragment de tige articulée de Monocotylédone de grande taille, sans structure conservée, mais dont la ressemblance avec celle des Bambusées est remarquable. Ce fossile est d'autant plus intéressant que sa présence en Tunisie ne concorde guère avec la distribution géographique actuelle du groupe auquel je le rapporte. Il est bon de faire observer cependant qu'une espèce de ce groupe a été trouvée en France dans le pliocène de Meximieux.»

---

[1] J'ai fait connaître cette découverte, avec le concours de mes collaborateurs, MM. Fliche et Bleicher, dans les *Comptes rendus de l'Académie des sciences*, le 1er octobre 1888.

[2] Cette brève diagnose, ainsi que les suivantes, est textuellement empruntée à la communication de M. Fliche, dont il est question ci-dessus.

Je crois devoir ajouter à ces courtes indications de M. Fliche qu'Élisée Reclus[1], puis Ch. Grad qui a visité la forêt silicifiée du Caire[2], ont signalé tous deux l'existence, dans une des collections du Caire, d'une tige de Bambou silicifiée. Enfin le Bambou a été signalé encore dans le pliocène d'Auvergne.

Tunisie : Oued Mamoura. — Étage pliocène.

Palmoxylon Cossoni Fliche, *loc. cit.*, 570.

«Bois de Palmier voisin du *Palmoxylon Aschersoni* Schenk, s'en distinguant par la structure plus complexe du faisceau et par les dimensions plus faibles de celui-ci.»

Tunisie : Oued Mamoura. — Étage pliocène.

Palmoxylon sp.

Avec l'espèce précédente, M. Fliche signale «un autre Palmier qui en est différent, mais réclame un supplément d'études».

Tunisie : Oued Mamoura. — Étage pliocène.

DICOTYLÉDONES.

Ficoxylon cretaceum Schenk, *Fossile Hölzer*, in Zittel : *Libysch. Wüste*, Munich (1880).

«Plusieurs spécimens bien conservés se rapportent à cette espèce des forêts silicifiées d'Égypte.»

Tunisie : Djebel Cherichira. — Étage pliocène.

Acacioxylon antiquum Schenk, *loc. cit.* (1880).

Même observation que pour l'espèce précédente.

Tunisie : Djebel Cherichira. — Étage pliocène.

Jordania Tunetana Fliche, *loc. cit.*, 571.

«Ce bois, tout en présentant une grande ressemblance avec le *Jordania ebenoïdes* Schenk, s'en distingue nettement par ses vaisseaux plus gros, plus souvent isolés, et surtout par ses rayons médullaires fréquemment plus éloignés et séparés par un plus grand nombre de rangées de fibres.»

Tunisie : Djebel Cherichira. — Étage pliocène.

Nicolia Ægyptiaca? Unger, in *Sitzungsberichte der kais. Akad. Wien*, XXXII (1858).

«L'unique échantillon qu'on puisse rapporter à ce genre a été forte-

[1] *Nouv. Géogr. univ.*, X, 172.
[2] *Mém. Assoc. franç. pour l'avanc. des sc.*, session de Nancy, 1886.

ment altéré avant sa fossilisation; il renferme un *mycelium* abondant, et si ce qui reste de sa structure rappelle bien, par certains côtés, le *Nicolia Egyptiaca* Unger, il s'en éloigne par d'autres, ce qui ne permet pas une affirmation, même sur l'attribution générique.»

M. Crié, dans les mêmes circonstances que celles rappelées ci-dessus, a cité un N. *Egyptiaca* Unger, du sud-ouest de la Tunisie.

Tunisie : Djebel Cherichira; Bled-Douara, d'après M. Crié. — Étage pliocène.

En dehors de cette flore pliocène si remarquable, je n'ai rencontré, dans les autres formations géologiques du sud de la Tunisie, que les végétaux fossiles ci-après :

Gymnospermes. — Les marnes ferrugineuses et phosphatées de l'étage albien supérieur, notamment celles des Djebel Oum-Ali, Dj. Oum-el-Oguel et Dj. Roumana, dans la chaîne du Cherb, renferment de très nombreux fragments de bois silicifiés ou transformés en limonite ferrugineuse, mais si petits et si incomplets que M. Fliche n'a pu y reconnaître que quelques-uns des caractères génériques des *Conifères*.

Monocotylédones. — Dans les marnes sableuses gypsifères pliocènes de Zeram-ed-Din, qui renferment deux bancs remarquables de l'*Ostrea cucullata* Born. var. *Byzacena* Nob., décrite plus loin, s'intercalent plusieurs couches de lignites très pyriteux. Un échantillon de ces lignites, qui réapparaissent dans la falaise pliocène du bord de la mer au nord de Monastir, a été examiné par M. Fliche à qui il a paru composé surtout de feuilles et de tiges de *Typhacées* indéterminables.

INVERTÉBRÉS.

FORAMINIFERA.

STICHOSTEGA.

Genre THOMASINELLA Schlumberger (1889)[1].

«Plasmostracum arborescent, composé de loges superposées se bifurquant plus ou moins régulièrement et à plusieurs reprises. Test arénacé épais. Ouvertures aux extrémités de chaque branche.»

Thomasinella Punica Schlumberger. — Nob., pl. XIV, fig. 11-15.

«Les *Thomasinella Punica* ont un plasmostracum composé de loges cylindriques, aussi hautes que larges, superposées les unes à la suite des autres et dont les sutures légèrement rétrécies sont visibles à l'extérieur. Après la formation de trois à cinq loges, la suivante se bifurque et donne naissance à deux branches qui s'écartent sous un angle presque droit; elles se bifurquent à leur tour dans les mêmes conditions. L'individu représenté par la figure 12 laisse voir six de ces bifurcations.

«Une section mince longitudinale (fig. 13 b) montre que le test, relativement épais, est formé par l'agglomération de particules sableuses très fines, dans lesquelles sont englobés des fragments de calcaire et de nombreux Foraminifères embryonnaires (Globigérines, Orbulines, Textilaires, etc.), ainsi que des spicules de Spongiaires. La surface externe est finement granuleuse. A l'extrémité de chaque branche se trouve une ouverture circulaire, centrale, dont les bords sont un peu plus épais que le reste de la paroi.»

Tunisie : Djebel Meghila (Foum-el-Guelta et sommet); Dj. Chambi; Dj. Cekot (chaîne orientale de Gafsa). — Étage cénomanien supérieur.

Algérie : Kef Oukal, au nord-est de Bordj Messaoud, sud de Sétif (Constantine).

J'ai trouvé en 1879, dans cette dernière localité, au-dessus de marnes brunes cénomaniennes à *Ostrea Syphax*, une plaquette gréseuse assez mince, dans laquelle M. Schlumberger a reconnu la présence, en nombre considérable, d'individus identiques au *Thomasinella Punica* de Tunisie.

---

[1] *Bull. Soc. géol. France*, sér. 3, XVII, 522.

Thomasinella rugosa Schlumberger. — Nob., pl. XIV, fig. 15.

«L'aspect général de ce fossile, ainsi que la disposition de ses loges, sont les mêmes que dans l'espèce précédente, mais la constitution du test en est différente. La paroi est formée par un seul rang de gros fragments de calcaire soudés ensemble, lesquels font saillie à l'extérieur et à l'intérieur des loges. Il en résulte que ces dernières sont labyrinthiformes et que les sutures sont invisibles à l'extérieur.

«Il est probable que les ouvertures sont situées à l'extrémité des branches, mais on n'a pas pu s'en assurer.

«Les *Thomasinella rugosa* ne sont peut-être qu'une variété de *Th. Punica*, mais leur extérieur rugueux les en fait facilement distinguer et la constitution spéciale de leur test semble justifier leur séparation.»

Tunisie : Djebel Meghila (avec la précédente espèce). — Étage cénomanien supérieur.

J'ai découvert ces curieux Foraminifères, qu'a bien voulu étudier et décrire un savant spécialiste, au cours de mes explorations géologiques de 1885 et 1886 en Tunisie. L'immense accumulation de leurs débris forme sur certains points, comme au Djebel Meghila, des lumachelles calcaréo-gréseuses dont l'épaisseur, très variable, atteint plusieurs mètres, au Kef Foum-el-Guelta par exemple. La roche qui les recèle est d'ailleurs sujette à de brusques changements de facies latéraux et peut passer d'une lumachelle calcareo-sableuse et ferrugineuse friable et très épaisse, comme sur ce dernier point, à un calcaire lumachelle très dur et peu épais, comme au sommet du Djebel Meghila et au Djebel Chambi, ou bien à de simples plaquettes gréseuses très minces intercalées dans les marnes de l'étage cénomanien, comme au Kef Oukaïl en Algérie. Au Djebel Meghila, où sont les plus beaux gisements de ce fossile, ils se présentent en couches régulièrement stratifiées, intercalées entre les marnes supérieures à Polypiers et à Rudistes de l'étage cénomanien et les calcaires marneux inférieurs de l'étage turonien. Ils occupent la même position au Djebel Chambi. Au Djebel Cekel, je n'en ai rencontré qu'un seul mais très beau spécimen, représenté fig. 13, fixé sur une valve d'*Ostrea suborbiculata* Lamk. ou *O. Mermeti* Coquand, dans des marnes cénomaniennes supérieures à Échinides et à Polypiers. La figure 14 montre la remarquable agglomération de ce Foraminifère dans les calcaires sableux et ferrugineux du Kef Foum-el-Guelta, dans lesquels il forme une véritable lumachelle contenant, en outre, de nombreux débris d'Ostracés, de *Pollicipes* et surtout d'Échinides; c'est exactement dans les mêmes conditions de nombre et d'association que se présente la plaquette de calcaire gréseux du Kef Oukaïl (Algérie). Dans les calcaires à lumachelles beaucoup plus durs du sommet du Djebel Meghila et du Djebel Chambi, le nombre de ces Foraminifères paraît moindre, mais ils semblent associés aux mêmes fossiles. Tous ces organismes, plus ou moins brisés, paraissent avoir été fixés, à la manière de certains Polypiers, aux fonds sous-marins dans lesquels ils ont accumulé leurs débris; cependant je ne saurais rien affirmer à cet égard, le seul exemplaire fixé que j'aie rencontré l'étant, à la manière de beaucoup de Bryozoaires, sur la valve inférieure d'un Mollusque contemporain du dépôt. Quoi qu'il en soit, j'ai remarqué que dans toutes les localités cénomaniennes du sud de la Tunisie où ce Foraminifère paraît manquer, notamment aux Djebels Cebela (chaîne du Sidi Aïch), El-Atecha (à l'est de Gafsa), Taferma et Oum-Ali (chaîne du Cherb), on rencontre un niveau marneux très coralligène, ferrugineux ou non, dans lequel pullulent des Polypiers rameux et des Rudistes. Partout ce remarquable niveau semble marquer une période de transition ou finale de la mer cénomanienne, immédiatement suivie par les premiers dépôts de la mer turonienne.

PELECYPODA.

OSTREIDÆ.

Genre OSTREA Linné (1758).

Ostrea multicostata Deshayes, *Descr. coq. foss. env. Paris*, I, 3?, pl. 57, fig. 3-6 (1824-1837). — *O. multicostata* Leymerie, *Terr. à Nummulites (?) des Corbières*, in *Mém. Soc. géol. France*, 2e sér., I, 2e part., n° ? (1846). — *O. stricticostata* Raulin et Delbos, *Ostréa des terr. tert. Aquitaine*, in *Bull. Soc. géol. France*, 2e sér., XII (1855). — *O. multicostata* Coquand, *Géol. et pal. rég. sud prov. Constantine*, 310 (1862). — *O. multicostata* Leymerie, *Élém. minér. et géol.*, 2e édit., II, p. 7?, fig. 579 et 580 (1866). — *O. Bogharensis* Coquand, in Nicaise, *Cat. d. anim. foss. prov. Alger*, in *Bull. Soc. climatol. Alger* (1870). — *O. stricticostata var. major, gigantea, rotundata* Locard, *Descr. moll. foss. terr. tert. Tunisie recueillis par Ph. Thomas*, 57, pl. X, fig. 7-8, et pl. XI, fig. 1-3 (1889). — Voir pl. XII, fig. 13.

Coquand a depuis longtemps signalé la présence de l'*Ostrea multicostata* dans l'étage suessonien de l'Aurès algérien, notamment à Aïn Beg?ah, Zoui, Djelal, Taberdga, etc. Pour bien marquer qu'il ne séparait en rien l'Huître algérienne de celle du bassin de Paris et des Pyrénées, il mentionne, à la suite des localités ci-dessus, les trois régions classiques européennes : Cuise, Biarritz, Soissonnais. Il est vrai que, un peu plus tard, il a séparé de ce type spécifique l'*O. Bogharensis* qui, pour moi, n'en est qu'une simple variété, ainsi que j'ai pu le constater dans la localité même dont elle provient.

De son côté, mon savant collaborateur M. A. Locard a cru devoir rapporter au type spécifique créé sous le nom d'*O. stricticostata* par Raulin et Delbos tous les *O. multicostata* que je lui avais confiés. Mais la façon dont je comprends l'espèce ne me permettant pas d'accepter cette attribution, j'ai cru devoir faire figurer l'un des nombreux spécimens de Tunisie qui, selon moi, ne peuvent être séparés du type créé par Deshayes et auquel toutes les autres variétés se rattachent par des transitions insensibles.

J'ai rencontré dans les marnes et les calcaires phosphatés de la chaîne de Gafsa, aussi bien que dans la plupart des autres localités suessoniennes des hauts-plateaux tunisiens, à côté d'individus très nettement caractérisés d'*O. multicostata* Deshayes, tous les passages qui les relient insensiblement, par des transitions infiniment ménagées, à de simples variétés au nombre desquelles se trouve l'*O. strictiplicata* Raul. et Delb. Toutes les valves supérieures de ces variétés sont identiques; seules les valves inférieures varient, se rapprochant tantôt du type de Deshayes, ainsi que le montre la figure 13, tantôt de sa variété *strictiplicata*, tantôt des variétés distinguées par M. Locard sous les noms de *major*, *rotundata* et *gryphoides*, cette dernière ne pouvant souvent pas être distinguée de la variété *Bogharensis* Coquand, d'Algérie. Ainsi que le montre encore la figure 13, il serait tout aussi facile de confondre l'*O. multicostata* de Tunisie avec l'Huître des dépôts éocène et tongrien de Belgique que Goldfuss a nommée *O. virgata*[1]; elle n'en diffère guère que par son expansion anale un peu plus développée, par son test un peu plus mince et par le nombre moins considérable de ses côtes, dont l'impression est plus profonde sur le bord palléal de la coquille.

Tunisie : Djebel Teldja[2]; Oued El-Aachen; Chebika; Midès; Djebel Blidji; Guelaat-es-Snam; Djebel Nasser-Allah, etc. — Étage suessonien.

Ostrea Bellovacina Lamarck, in *Ann. Museum*, VIII, 159, et XIV, pl. 21, fig. 1 [1808-1809]. — Deshayes, *Descr. coq. foss. env. de Paris*, Atlas, pl. 48, fig. 1 et 2; pl. 49, fig. 12; pl. 50, fig. 6 *e*; pl. 55, fig. 1-3 [1837]. — Nob., pl. XII, fig. 1-3.

J'ai cru devoir faire figurer quelques exemplaires de cette belle espèce, que j'ai recueillis dans l'étage suessonien du sud de la Tunisie où elle ne semble pas rare. Cette Huître n'ayant pas encore été signalée dans le nord de l'Afrique, c'est le meilleur moyen de bien établir l'identité des spécimens tunisiens avec l'*Ostrea Bellovacina* du bassin de Paris, où elle occupe exactement le même niveau, notamment à Bracheux et dans le Soissonnais.

Sauf un individu jeune à large surface d'adhérence (fig. 3), tous les exemplaires que j'ai rencontrés dans les marnes et les calcaires phosphatés du sud de la Tunisie étaient incomplets et réduits à la valve inférieure. Néanmoins ces valves comparées avec de bons exemplaires de la Sorbonne, grâce à l'obligeance de M. Munier-Chalmas, ont été reconnues identiques.

Leur forme est élargie et arrondie; elles sont assez convexes, avec une surface d'adhérence bien prononcée et plane; la fossette ligamentaire est assez grande, triangulaire et profonde; le test est très épais; sa surface

---

[1] Goldfuss, *Petr. Germ.*, t. II, pl. 76, fig. 3. Voir aussi Nyst, *Coq. foss. Belg.*, pl. 28, fig. 4, et Pictet, *Traité de pal.*, 645, pl. 85, fig. 5. — Non Sowerby in Dixon, *Sussex*, 1850, pl. XXVI, fig. 2, espèce que Coquand, *Mon. g. Ostrea*, 101, assimile à l'*O. hippopodium* Nilsson.

[2] Je dois faire observer que le T de ce nom de montagne devant être suivi d'une s, les indigènes prononcent Tseldja, non Teldja.

externe est foliacée, garnie de plis radiants arrondis, assez larges, continus, écailleux.

Ces valves inférieures ne peuvent être confondues avec aucune de celles des variétés de l'*O. multicostata* au milieu desquelles elles ont été rencontrées.

Tunisie : Djebel Teldja; Dj. Blidji (versant nord). — Étage suessonien.

Ostrea eversa d'Orbigny, *Prodr.*, II, 307, n° 198 [1847]. — *Gryphaea eversa* Melleville, *Sables tert. inf. bass. Paris*, 41, pl. 3, fig. 3-4 [1843]. — *O. lateralis* Leymerie, in *Mém. Soc. géol. France*, sér. 2, I, 2e part., pl. 15, fig. 7 [1845]. — *O. lateralis* d'Archiac, in *Mém. Soc. géol. France*, sér. 2, II, 2e part., 213 [1846]. — *O. lateralis* et *O. inscripta* d'Archiac, *l. c.*, sér. 2, III, 2e part., 510, pl. 13, fig. 26-28 [1850]. — *O. lateralis* Raulin et Delbos, in *Bull. Soc. géol. France*, sér. 2, XII, 1156 [1855]. — Nob., pl. XII, fig. 7-8.

Cette espèce est assez abondante dans le seul gisement du sud de la Tunisie où je l'ai rencontrée, gisement bien daté par les beaux et abondants fossiles suessoniens qu'il renferme, lesquels ont été décrits par M. A. Locard[1]. Coquand l'avait déjà rencontrée dans l'étage suessonien de l'Aurès algérien[2]. Mon collaborateur M. Peron, qui a bien voulu l'examiner, a reconnu qu'elle ne diffère par aucun caractère constant, pas plus dans la valve inférieure que dans la valve supérieure, des Huîtres de la craie blanche connues sous le nom d'*Ostrea lateralis*. C'est ce qui explique que la plupart des auteurs l'ont assimilée à cette dernière; mais, comme d'après M. Peron l'*O. lateralis* doit être réuni à l'*O. canaliculata* Sowerby, il en résulte que c'est ce dernier nom qu'il conviendrait dès lors d'attribuer à cette espèce[3]. Toutefois ce savant paléontologiste m'a fait remarquer que d'Archiac, tout en attribuant le nom d'*O. lateralis* à l'Huître du nummulitique inférieur du sud-ouest et du nord-ouest du plateau central de la France, en a distingué dès 1850, sous le nom d'*O. inscripta*, une variété à laquelle, la même année, d'Orbigny donnait dans son *Prodrome*, en la datant de 1847, le nom d'*O. eversa*. L'Huître du nummulitique désignée jusque-là par les auteurs sous le nom d'*O. lateralis* est citée en synonymie par d'Orbigny, mais sans qu'il ait fait connaître les motifs du changement de nom qu'il lui imposait. Du reste, d'Orbigny n'ayant fait en cela que reprendre le nom donné par Melleville en 1843, c'est donc, en somme, le nom d'*O. eversa* que devraient employer les géologues qui n'admettent pas, avec M. Peron, la réunion de cette espèce à l'*O. canaliculata* Sowerby.

Tunisie : Djebel Stah (Kef Allou-Seif) dans la chaîne occidentale de Gafsa.

Algérie : Djebel Dir, près Tebessa.

Étage suessonien.

---

[1] *Descr. Moll. foss. terr. inf. Tunisie*, recueillis par Ph. Thomas [1889].

[2] *Géol. et paléont. rég. sud prov. Constantine*, 310 [1862].

[3] *Notes pour servir à l'hist. du terr. de craie dans le S. E. du bassin anglo-paris.*, in *Bull. Soc. sc. hist. nat. de l'Yonne*, 2e sér., [illegible] [1887].

Ostrea Archiaciana d'Orbigny, *Prodr.*, II, 327 [1850]. — *O. vesicularis* d'Archiac, in *Mém. Soc. géol. France*, sér. 2, II, 213 [1846], et III, 440, t. 13, fig. 24 [1850]. — *O. vesicularis* et *O. Archiaci* Bellardi, in *Mém. Soc. géol. France*, sér. 2, IV, 261 [1852]. — *O. vesicularis* Raulin et Delbos, in *Bull. Soc. géol. France*, sér. 2, XII, 1153 [1855]. — Nob., pl. XII, fig. 4-6.

Cette espèce, nouvelle pour le nord de l'Afrique, est assez fréquente dans le niveau phosphaté suessonien du sud-ouest de la Tunisie, principalement dans les marnes de l'Oued El-Aachen, à l'ouest de Gafsa. Elle ressemble singulièrement à l'*Ostrea vesicularis* Goldfuss[1], de la craie supérieure, avec laquelle tous les auteurs l'ont confondue. M. Peron, à qui j'ai soumis mes exemplaires de Tunisie, est d'avis qu'on doit l'y réunir[2]. Toutefois ce n'est pas l'avis de d'Orbigny qui affirme qu'elle est toute différente, plus irrégulière et plus mince. Cependant l'irrégularité est précisément un des caractères de l'*O. vesicularis*.

Il est à remarquer qu'à la même époque (1852), d'Orbigny et Bellardi se sont rencontrés pour donner le nom de d'Archiac à l'Huître du terrain nummulitique. Cette coïncidence s'explique par ce fait que le dernier volume du *Prodrome* n'a paru qu'en 1852; mais le deuxième, qui contient l'*O. Archiaciana*, a été publié en 1850 et l'espèce elle-même est datée de 1847. Le nom d'*O. Archiaciana* d'Orbigny doit donc prévaloir sur celui d'*O. Archiaci* Bellardi. Au surplus, il semble bien que, conformément à l'avis du savant paléontologiste dont je citais plus haut l'opinion, ce nom devrait lui-même être remplacé par celui d'*O. vesicularis*, ainsi qu'on pourra s'en convaincre en examinant les divers types de l'étage suessonien de Tunisie, dont les principaux sont figurés sur la planche XII. C'est bien, en effet, la forme crétacée qui semble avoir survécu dans le tertiaire inférieur et s'être prolongée encore dans le tertiaire moyen et même supérieur, sous les noms d'*O. navicularis* Brocchi, *O. Italica* Deshayes et *O. cochlear* Poli? Il sera difficile, par exemple, de ne pas reconnaître dans la figure 4 la variété convexe, globuleuse et gryphoïde de l'*O. vesicularis*, dans la figure 5 l'une de ses variétés transverses, et enfin dans la figure 6 la forme jeune de l'espèce que Coquand a décrite sous le nom d'*O. hippopodium*[3]? Toutefois mes exemplaires ne sont ni assez nombreux ni assez probants pour que je puisse être plus affirmatif.

Tunisie : Oued El-Aachen; Djebel Bledji (base nord); Dj. Teldja. — Étage suessonien.

Ostrea Clot-Beyi Bellardi, *Catal. ragg. fossili nummul. Egitto* [1854]. — A. Peron, in Locard, *Descr. moll. foss. des terr. tert. inf. de la Tunisie* recueillis par Ph. Thomas, 55 [1889]. — Nob., pl. XII, fig. 9-12.

Mon collaborateur M. Peron a eu l'heureuse pensée de reprendre l'étude et de

---

[1] *Petr. Germ.*, pl. 81, fig. 2.

[2] Si cette manière de voir était adoptée, l'*O. vesicularis* aurait eu une longévité considérable, car, de l'avis de Pictet (*Traité de paléont.*, III, 643), «ce type était déjà représenté dans le terrain cénomanien par l'*O. biauriculata* Lamk., d'Orb.»

[3] *Mon. g. Ostrea*, pl. 100, fig. 4 et 5.

compléter la description de cette intéressante espèce, d'après les nombreux spécimens rapportés de Tunisie par les membres de la Mission scientifique. Cette étude, à laquelle je prie le lecteur de se reporter, n'était malheureusement pas accompagnée de figures. C'est cette lacune que j'ai tenu à faire disparaître dans la planche XII.

Il existait, dans la description que Bellardi avait donnée de cette Huître en 1854, de nombreuses lacunes qu'il importait de combler. La plus importante de toutes était l'ignorance absolue dans laquelle on était au sujet de la configuration de sa valve supérieure, que Bellardi ne paraît pas avoir connue. De plus, cet auteur n'avait pu, en raison de la rareté des exemplaires dont il disposait, se rendre compte des importantes variations que présentent certains individus d'âge différent. La nouvelle description de M. Peron a fait disparaître ces incertitudes et elle sera utilement complétée par les figures dues à l'habile crayon de M. F. Gauthier, lesquelles reproduisent les principaux spécimens qui ont servi à la nouvelle diagnose de cette espèce.

Tunisie : Djebel Bliiji (versant nord); Oued El-Aacheu; Djebel Teldja; Dj. Chéichira. — Étage suessonien.

Mes collègues de mission, MM. Rolland et Le Mesle, l'ont rencontrée, le premier aux Djebel Oussélat et Dj. Feidja, le second dans les environs d'El-Kef.

Ostrea *cf.* **flabellula** Lamarck, in *Ann. Muséum*, XIV, t. 23, fig. 3 (1809).

Cette espèce, si répandue dans l'Éocène inférieur de l'Europe, semble représentée dans ma collection par une valve inférieure qui montre bien tous ses caractères. Toutefois cette valve unique se trouvait avec quelques spécimens de l'*Ostrea Bellardiana*, dont il ne serait pas absolument impossible qu'elle fût un jeune individu.

Tunisie : Djebel Teldja (versant nord). — Étage suessonien (base du niveau phosphaté).

Ostrea *cf.* **uncifera** Leymerie, in *Mém. Soc. géol. France*, sér. 2, IV, part. 1 (1851).

Deux valves inférieures bien développées, trouvées au Djebel Teldja avec la précédente espèce, ne se peuvent distinguer de l'Huître du Nummulitique de la Haute-Garonne et de l'Ariège que Leymerie a décrite sous le nom d'*Ostrea uncifera*. Elles en ont les dimensions, la forme convexe et très profonde, la texture feuilletée du test et surtout la forme si caractéristique du talon; mais ces deux seuls exemplaires ne paraissent pas suffisants pour qu'on puisse les assimiler sûrement à cette espèce.

Tunisie : Djebel Teldja (versant nord). — Étage suessonien (base du niveau phosphaté).

Ostrea Punica Thomas, pl. XIII, fig. 1-5. — *O. Tunetana* Munier-Chalmas, in A. Peron, *Descr. invert. foss. terr. crét. rég. sud hauts-plateaux de la Tunisie* recueillis par Ph. Thomas, 168, pl. XXV, fig. 5-6 emend.

DIMENSIONS.

Exemplaire de grande taille : longueur, 62 millimètres; largeur, 50 millimètres; épaisseur, 29 millimètres.

Exemplaire de moyenne taille : longueur, 48 millimètres; largeur, 40 millimètres; épaisseur, 20 millimètres.

Exemplaire de petite taille : longueur, 27 millimètres; largeur, 22 millimètres; épaisseur, 13 millimètres.

Nombre de spécimens étudiés : 15.

Coquille ostréiforme, plus longue que large, assez épaisse, inéquivalve, acuminée sur la région cardinale, arrondie sur la région palléale, adhérente par son crochet ou par un de ses côtés sur une étendue assez grande. Talon bien développé, formé par des crochets subaigus, inégaux, celui de la grande valve étant toujours plus long et généralement un peu incliné à gauche. Test épais, solide, lamelleux, à zones d'accroissement nombreuses, régulières, assez espacées et légèrement onduleuses sur la valve inférieure, lisses et serrées sur la valve supérieure.

Valve inférieure convexe, profonde, à surface externe bosselée par les lames concentriques d'accroissement chez les jeunes, presque lisse chez les sujets de grande taille, exceptionnellement ornée, vers le sommet, d'indices de plissements ne se propageant jamais jusqu'au bord palléal (fig. 2 et 5). Sommet aigu, droit ou le plus souvent légèrement incliné à gauche, sans expansions lamelleuses latérales. Bords assez épais, débordant légèrement la valve supérieure, laissant voir quelques lamelles d'accroissement et montrant parfois des crénelures assez profondes qui partent du talon et n'atteignent pas le milieu de la valve (fig. 3 *a*). Face interne assez profonde, mais ne se creusant pas sous la fossette ligamentaire, laquelle est longue, conique, assez profonde, largement découverte et plus ou moins incurvée à gauche; impression musculaire assez grande, latérale, peu profonde et légèrement déprimée à son bord antérieur.

Valve supérieure légèrement convexe, surtout vers le bord palléal et vers le crochet, convexités séparées par une légère inflexion concave submédiane (fig. 1 et 2); ornée de lamelles d'accroissement fines, régulières, nombreuses et serrées, quelquefois traversées par de courtes et fines costules radiantes (fig. 2 *a*).

Il est assez difficile, je l'avoue, de séparer cette espèce tertiaire de l'Huître santonienne que mon collaborateur M. Peron a cru pouvoir rapprocher de l'*Ostrea Tunetana* Mun.-Chalmas, rapportée du sud de la Tunisie par M. L. Dru, l'un des membres de la mission Roudaire[1]. M. Peron n'avait d'ailleurs admis cette assimilation que sous les réserves les plus formelles[2] et il ne l'a faite qu'à défaut de renseignements suffisants sur la stratigraphie locale. Il a été ainsi amené à confondre avec les Huîtres santoniennes de la chaîne de Feriana, qui ne sont qu'une variété plus longue et plus étroite de son *O. Heinzi*[3], l'Huître tertiaire rapportée de Chebika par Letourneux. J'avais omis, enfin, de le mettre en garde sur l'attribution stratigraphique arbitrairement donnée, à mon avis, à l'*O. Tunetana* Munier-Chalmas. J'ai acquis la conviction, en effet, que l'Huître du Djebel Diabit, décrite par M. Munier-Chalmas sous le nom d'*O. Tunetana* et qu'il a attribuée sans preuves suffisantes à l'étage senonien, n'est autre que le jeune de l'*O. prolonga* Sharpe[4], de l'étage albien supérieur du Portugal et de l'Espagne, Huître dont la forme très adulte est très probablement, ainsi que l'a reconnu M. Peron[5], l'*O. Pentagruelis* Coquand, du même niveau en Algérie comme en Espagne[6].

Le renseignement purement géographique donné par M. L. Dru sur la partie de la chaîne du Cherb qui a fourni l'Huître décrite par M. Munier-Chalmas, ne permet pas de se faire une idée exacte du niveau dont elle provient et l'erreur de ce dernier, en l'attribuant à l'étage sénonien, est compréhensible. Cette Huître a été recueillie, d'après M. L. Dru, au Djebel Diabit, portion du versant sud de la chaîne qui se trouve comprise entre les Khanguet El-Asker et Oum-Ali. Or, dans le texte de son mémoire, que n'accompagne aucune coupe de cette chaîne, M. Dru s'exprime ainsi : « Au Djebel Diabit, on est presque exclusivement dans la craie moyenne avec *O. flabellata* d'Orb., *O. Auressensis* Coquand (= *O. Africana* Coquand), *Strombus Mermeti* Coquand, etc. . . J'ai parlé de l'hypothèse probable de couches aptiennes ; elles me paraissent indiquées par la présence, à Bir Beni-Zid et au Djebel Diabit, de deux espèces qui se rapprochent des *Ostrea pseudophaetis* et *Callimorphe* Coquand, de l'Aptien d'Espagne[7]. . . . » C'est bien, en effet, à peu près ce que j'ai vu aussi dans cette région où, au-dessous d'un puissant étage cénomanien principalement développé sur le versant nord de la chaîne, on trouve, sur le versant méridional de celle-ci, une longue série de calcaires, de grès et de marnes argileuses appartenant à l'étage albien et reposant sur des calcaires urgo-aptiens à *Orbitolina lenticulata*. Mais je n'ai remarqué nulle part, dans cette partie de la chaîne, la moindre trace d'un étage senonien. Pour rencontrer ce dernier, il faut se transporter beaucoup plus à l'ouest, au Djebel Taferma, sur le versant nord de la chaîne, ou beaucoup plus à l'est sur son versant sud, au Djebel Aidoudi. Il serait d'ailleurs assez extraordinaire qu'un seul fossile caractérisât sur ce point l'étage senonien, partout ailleurs si fossilifère dans cette région où il se voit, en

[1] Mus. Roudaire, *Tunisie*, [illegible] pl. I, fig. [illegible]
[2] Desc. [illegible] tert. [illegible] Tunisie recueillis par Ph. Thomas, p. [illegible]
[3] [illegible], pl. [illegible], fig. [illegible]
[4] *Quarterly Journ. of Geology*, [illegible]
[5] Loc. cit., [illegible] pl. XXIII, fig. [illegible]
[6] Coquand, *Mon.* [illegible]
[7] Mus. Roudaire, [illegible]

effet, figurer dans la liste des fossiles du Djebel Diabit, qu'un seul fossile sénonien, lequel est précisément l'*Ostrea Tunetana*. Voici d'ailleurs cette liste[1] :

DJEBEL DIABIT.

Ostrea crassissima Lamk.	Miocène.
— *Maresi* Munier-Chalmas[2]	*Idem.*
— *Tunetana* —	Sénonien.
— *aff. Eumenides* Coquand.	Turonien supérieur.
Strombus Mermeti —	*Idem.*
Ostrea flabellata d'Orbigny.	Cénomanien supérieur.
— *lingularis* Lamk.	*Idem.*
— *Auressensis* Coquand.	*Idem.*
— *aff. pes-elephantis* —	Aptien.
— *aff. Callimorpha* —	*Idem.*

A la simple inspection de cette liste, que n'appuie aucune donnée stratigraphique précise, on comprendra que le doute puisse naître sur l'attribution de l'*O. Tunetana* à l'étage sénonien. D'autre part, en comparant les valves d'*O. prælonga* Sharpe, que j'ai recueillies moi-même dans l'étage albien du versant sud du Djebel Oum-Ali, à une faible distance du Djebel Diabit, avec la description et les figures de l'*O. Tunetana* Mun.-Chalm., provenant de ce dernier, je ne puis les différencier par aucun caractère important. Cette ressemblance ne pouvait échapper à l'œil exercé de mon collaborateur M. Peron; je ne puis mieux faire, à cet égard, que de prier le lecteur de se reporter à la comparaison qu'il a donnée de l'*O. Tunetana* avec l'*O. prælonga*[3]; il y verra que ce savant a, le premier, su discerner les relations taxonomiques étroites qui me déterminent à rattacher l'Huître soi-disant sénonienne du Djebel Diabit à l'Huître albienne que Sharpe a décrite sous le nom d'*O. prælonga*, dont elle n'est qu'une variété jeune et courte.

Mais, comme pour compliquer à plaisir cette question d'identification, qui serait très simple si elle se réduisait aux Huîtres du Cherb, le hasard a voulu que je rencontrasse, dans des couches nettement sénoniennes de Tunisie, un assez bon nombre d'Huîtres que mon collaborateur M. Peron a cru pouvoir assimiler à l'*O. Tunetana* Mun.-Chalm., devenu pour moi *O. prælonga* (*junior*). En fait, il existe bien quelques ressemblances entre les Huîtres sénoniennes en question et l'Huître albienne, et il serait difficile de méconnaître leurs affinités. Toutefois, dans le cas spécial qui m'occupe, les différences équivalent presque aux ressemblances, et il semble assez facile de remettre à leur véritable place les divers fossiles décrits par M. Peron sous le nom d'*O. Tunetana*. D'accord avec lui, nous distrairons d'abord de notre planche XXV le sujet figuré sous les n°s 4, 5 et 6, lequel a été recueilli en 1884 par Letourneux à Chebika et transmis à M. Peron par M. Le Mesle.

---

[1] Loco cit., p. 49 et 51.

[2] Ce nom, faisant double emploi, a été changé plus tard par M. Kilian contre celui d'*Ostrea Welschi*, pour un fossile miocène du sud de l'Espagne. Le nom d'*O. Maresi* avait déjà été donné par Coquand à une huître de l'étage urgo-aptien du sud algérien (in *Mon. g. Ostrea*, 169, pl. 66, fig. 1 et 2).

[3] Peron, loco cit., p. 169, pl. XXV, fig. 1-8.

sans autre indication de provenance que le mot *Chebika*. Or il est avéré pour moi qui ai exploré cette localité que l'Huître en question provient plus que probablement de l'étage suessonien, auquel est adossée la petite oasis de Chebika et qui, avec l'étage danien, constitue en presque totalité sur ce point le versant sud de la chaîne. Il y a d'ailleurs, comme forme et comme gangue, identité complète entre l'Huître rapportée par Letourneux et les Huîtres suessoniennes que je viens de décrire sous le nom d'*O. Punica*.

Il reste maintenant à classer les spécimens d'Huîtres santoniennes des environs de Feriana, dont les plus grands sujets ont été figurés sous le nom d'*O. Tunetana* et portent les n°s 1, 2, 3, 7 et 8. Ils ont été recueillis par moi-même, dans les mêmes couches santoniennes d'où j'ai rapporté les nombreux individus également figurés sur la planche XXV sous le nom d'*O. Heinzi* Thom. et Per., et portant les n°s 20 à 33. De prime abord, ces derniers paraissent un peu différents des premiers et pourraient sembler mériter d'être groupés sous un nom spécifique distinct. Mais si l'on veut bien considérer que ces fossiles proviennent d'une même couche, ce qu'ignorait M. Peron lorsqu'il les a séparés; si l'on rapproche, d'autre part, les figures 1, 2 et 3 des figures 20, 21 et 22, puis les figures 7 et 8 des figures 26 et 27, il pourra paraître rationnel de considérer les premières comme les formes adultes des secondes, ou bien comme une variété un peu plus allongée et un peu plus déprimée de l'*O. Heinzi*.

D'accord donc avec M. Peron, nous supprimons de la nomenclature des Huîtres sénoniennes du sud de la Tunisie celles décrites par MM. Munier-Chalmas et Peron sous le nom d'*O. Tunetana*. Celles du Djebel Diabit, décrites par M. Munier-Chalmas, ne sont pour nous que des individus plus ou moins adultes de l'*O. perlonga* Sharpe. Parmi celles décrites par M. Peron, les unes provenant de l'étage suessonien prennent le nom d'*O. Punica*, les autres provenant de l'étage santonien deviennent une variété *major* de l'*O. Heinzi*.

Ces rectifications faites, j'en reviens à mon *O. Punica* et je n'ai aucune peine à le différencier des précédentes Huîtres, aussi bien que des autres types voisins qui pourraient être confondus avec lui, tels que les *O. Boucheroni* Coquand, *O. ventrilabrum*? Nilss. et *O. Gallo-provincialis* Math. Je n'aurais pour cela qu'à reproduire textuellement les caractères différentiels déjà invoqués par M. Peron dans son ouvrage, auquel je prie le lecteur de vouloir bien se reporter [1].

Je tiens seulement à faire remarquer que si, dans la série des figures que j'ai données de l'*O. Punica*, apparaissent d'assez notables variations, elles sont dues principalement à l'âge très différent des sujets figurés. Mais il se pourrait aussi que, pour l'un de ces exemplaires, une cause d'ordre chronologique intervienne dans les variations qu'il présente. Il s'agit du plus grand spécimen, figuré sous le n° 1 *a* et *b*, lequel provient d'un niveau élevé de l'étage suessonien du Djebel Nasser-Allah, dans lequel abonde le *Carolia placunoïdes* Cantraine (= *Placuna cymbalea* Locard); tandis que tous les autres exemplaires proviennent d'un niveau relativement inférieur de l'étage suessonien.

[1] A. Peron, *Descr. invert. foss. terr. crét. rég. sud Tun.* recueillis par Ph. Thomas, p. [illegible], pl. XXV, fig. 1-8 et 20-33.

Tunisie : Djebel Nasser-Allah; Dj. Blidji; Dj. Midès; Dj. Teldja (versant nord); Chebika. — Étages suessoniens supérieur et inférieur.

Ostrea Blidji Thomas.

DIMENSIONS.

Plus grand exemplaire : longueur, 32 millimètres; largeur, 22 millimètres; épaisseur, 11 millimètres.

Plus petit exemplaire : longueur, 28 millimètres; largeur, 19 millimètres; épaisseur, 12 millimètres.

Deux valves inférieures d'une petite Huître des calcaires suessoniens à Cardites du versant nord du Djebel Blidji méritent au moins une mention particulière, à défaut des figures que j'ai involontairement omis de faire exécuter.

Malgré leurs petites dimensions, ces valves paraissent provenir d'individus adultes et bien développés, ainsi que semblent l'indiquer leur test épais, compact, très solide, formé par un très grand nombre de lamelles d'accroissement serrées, la profondeur de leur fossette ligamentaire et la puissance de leur impression musculaire.

La forme de ces deux valves est oblongue, irrégulièrement arrondie sur leur bord palléal qui est épais, acuminée vers le sommet. Dans l'une de ces valves, la surface d'adhérence visible est située immédiatement en arrière du crochet, lequel est resté droit; dans l'autre valve, cette surface d'adhérence était située à droite du crochet qui est dévié à gauche. Leur surface externe est rendue gibbeuse par la forte saillie de deux côtes robustes, bien séparées, qui partent du sommet et s'étendent, en divergeant, jusqu'au bord palléal de la coquille; le sillon bien marqué qui sépare ces deux côtes divise à peu près en deux parties égales chacune des valves. Deux autres côtes, beaucoup plus atténuées et très écartées de celles-ci, naissent au milieu des faces latérales de la valve et aboutissent également au bord palléal. De fines lamelles d'accroissement, très nombreuses et très serrées, d'autant plus fortes et plus nombreuses qu'on les considère plus près du centre et du sommet de la valve, traversent concentriquement ces côtes, sur l'arête desquelles elles s'imbriquent en formant des ondulations très saillantes, dont quelques-unes simulent des tubercules. Sur la plus petite valve, ces imbrications en forme de toit marquent fortement leur empreinte sur le bord palléal; elles sont plus effacées sur l'autre valve. Le talon est bien développé, mais sa forme varie avec celle de la surface d'adhérence; dans le plus grand de mes exemplaires, il est très acuminé et dévié à gauche; dans le plus petit, il est presque droit et obtus.

La face interne de ces valves n'est visible que dans le plus petit exemplaire. Elle est assez profonde, mais elle est divisée en deux parties inégales, vers le tiers de sa hauteur, par une sorte de ressaut ou de relief transversal; la région comprise entre ce ressaut et le bord palléal est la plus profonde, et c'est dans sa partie gauche qu'est logée l'impression musculaire, laquelle est large et assez profonde. La cavité supérieure de la coquille, qui est la moins profonde, s'enfonce légèrement sous la fossette ligamentaire dont le rebord vertical est assez épais. Cette fossette ligamentaire est allongée, conique, assez largement découverte et profondément creusée par un sillon médian strié transversalement; elle est limitée par des rebords épais, saillants et convexes.

Les bords de cette valve sont épais, solides, et se relèvent du côté palléal en ondulations assez fortes, correspondant aux extrémités des côtes extérieures; ils sont légèrement débordés sur les faces latérales par les lamelles d'accroissement. On voit sur les deux bords, depuis la base du talon jusque vers le milieu de la valve, un léger sillon découpé transversalement par de fines crénelures.

La valve supérieure n'est pas connue; mais, autant qu'on en peut juger par le moule interne de l'une de ces valves et par quelques restes de test, elle devait être lamelleuse, convexe, plus courte et un peu plus étroite que la valve inférieure.

Je ne vois, dans le niveau occupé en Tunisie par ces valves, que l'*Ostrea Clot-Beyi* Bellardi, avec laquel on puisse les comparer. A première vue, je les avais même prises pour des jeunes de cette espèce. Mais M. Peron est d'avis, comme moi, qu'elles sont adultes. Elles diffèrent d'ailleurs notablement, par leur forme étroite et la structure de leur test, aussi bien que par la disposition de leurs côtes, des jeunes *O. Clot-Beyi* que j'ai fait figurer sur la planche XII.

Tunisie : Djebel Blidji (base nord). — Étage suessonien.

Ostrea Gingensis Schlotheim (*sub Ostracites*), *Petrefact. Kunde*, XII, p. 71 (1813). — *O. elongata* Goldfuss, *Petr. Germ.*, t. 77, fig. 1 a-f (1834). — *O. Gingensis* Hoernes, *Foss. Moll. tert. Beck. Wien*, II, p. 450, t. 76, t. 77, fig. 1-2, t. 78, fig. 1 a-b; t. 79, fig. 1-2; t. 80, fig. 1 a-b (1870). — *O. Gingensis* Coppi, *Enum. sistem. Moll. mioc. e plioc. prov. Parma e Piacenza*, II, 35 (1875).

Espèce de grande taille, très voisine de certaines variétés de l'*Ostrea crassissima* Lamk., mais plus acuminée au sommet, plus large en arrière, moins étroite en général que le type et ornée, sur la valve inférieure, de plis radiants, gaufrés et irréguliers, interrompus par les lames d'accroissement.

Cette Huître se trouve, en Europe, dans les étages miocène supérieur et pliocène.

En Tunisie, elle se rencontre généralement mêlée avec l'*O. crassissima* typique, tantôt comme espèce dominante (Oued Mangoura), tantôt en valves isolées et rares;

dans les gisements du sud, elle est, comme celle-ci, généralement brisée, roulée ou plus ou moins fruste. Les nombreux exemplaires que j'ai vus à l'Oued Mamoura, quoique très frustes, étaient généralement mieux conservés que les valves d'*O. crassissima* et non recouverts sur leurs deux faces, comme celles-ci, de nombreux Balanes; mais les plis radiants des valves inférieures avaient disparu sur la plupart d'entre elles, sauf sur quelques jeunes exemplaires paraissant bien se rapporter au type de Schlotheim[1].

Tunisie : Djebel Cherichira; Dj. Mazouna (extrémité orientale de la chaîne du Bou-Hedma); Oued Mamoura (près Feriana); Bled-Douara (au nord du Djebel Teldja). — Étages miocène moyen ou supérieur et pliocène.

Mes collègues de mission, MM. Le Mesle et Rolland, en ont rencontré de nombreux exemplaires dans le centre et dans le nord-est de la Régence.

Ostrea crassissima Lamarck, in *Ann. Museum* [1807]; *Anim. sans vert.*, 2ᵉ édit., VII, p. 242, n° 16 [1836]. — *O. longirostris* Goldfuss, *Petr. Germ.*, II, t. 82, fig. 8 *a* [1834]. — *O. crassissima* Hornes, *Foss. Moll. tert. Beck. Wien*, p. 455, pl. 81-85 [1867]. — *O. crassissima* Reuss, *Foss. Moll. tert. Beck. Wien*, II, 9-10 Heft, t. 81; t. 82, fig. 1-2; t. 83, fig. 1-3; t. 84 [1870].

J'ai rencontré, dans le sud de la Tunisie, d'assez nombreux spécimens bien typiques de cette Huître, mais toujours en valves isolées, brisées, roulées, parfois couvertes de Balanes sur leurs deux faces et, le plus souvent, associées à l'*Ostrea Gingensis* Schloth. Au Djebel Cherichira, au Djebel Mazouna, ainsi qu'à l'Oued Mamoura près Feriana, elle occupe la partie la plus supérieure de l'étage miocène de ces régions et il n'est même pas bien certain que les couches qui la renferment dans ces dernières localités ne soient déjà d'âge pliocène. Il semble bien, en effet, qu'elle y a été transportée après coup, par un remaniement postérieur au dépôt des couches miocènes qui la renferment normalement. Quoi qu'il en soit, il n'est pas douteux qu'on la trouve sous sa forme typique dans le sud de la Tunisie. Mais, comme je l'ai montré dans un travail récent[2], il est facile de la confondre avec des Huîtres presque identiques que l'on trouve dans ces mêmes régions, les unes dans l'étage suessonien et les autres dans l'étage pliocène du littoral actuel. Je ne puis, à cet égard, que renvoyer le lecteur au travail ci-dessus indiqué.

Cependant la publication tardive de ce fascicule me permet de réparer ici une omission assez grave, mais bien involontaire, dont je viens de m'apercevoir en relisant le bel ouvrage que M. le professeur A. Gaudry a consacré, avec ses collaborateurs MM. Fischer et Tournouër, à la paléontologie du mont Léberon[3]. On y

---

[1] J'ai pu, en ces derniers temps, comparer mes exemplaires de Tunisie avec ceux qu'on rencontre en grand nombre dans les marnes grises des environs de Montpellier. En général, ceux-ci m'ont paru plus trapus, plus épais; leurs plis radiants sont également rares, souvent complètement effacés ou visibles seulement près du crochet. (*Note ajoutée pendant l'impression.*)

[2] Ph. Thomas, *Ét. miocène sud de l'Alg. et de la Tunis. et valeur stratigr. de l'O. crassissima*, in *Bull. Soc. géol. France*, 3ᵉ sér., XX, p. 3 [1892].

[3] *Anim. foss. du mont Léberon*. Paris, 1873.

lit ce qui suit, page 171, au sujet de l'*O. crassissima* des marnes de l'étage miocène supérieur de Cabrières :

«Nous inscrivons cette espèce dans la faune des marnes de Cabrières, où elle a été recueillie par M. Arnaud dans la partie inférieure du gisement avec les autres espèces littorales, soit sous la forme typique allongée, soit sous une forme plus courte qui la rapproche de l'*O. Gingensis* Schloth., figuré par Hörnes. Mais il ne faut pas oublier que, d'après les observations certaines de M. Gaudry, elle occupe aussi, *au-dessus* de ces marnes, une couche particulière où l'on ne trouve pas d'autres fossiles et qui témoigne, sans doute, d'un abaissement momentané et local du fond de la mer sur ce rivage; en un mot, elle est ici égale ou supérieure au niveau du *Cardita Jouanneti*. . . Mais l'*Ostrea crassissima*, comme nous le voyons ici et ailleurs, a survécu à ces oscillations et n'a réellement disparu de nos côtes que pendant l'époque pliocène.»

Et plus loin, à la page 168 :

«C'est ainsi que, dans les Ostréidées, l'*O. crassissima* nous présente certainement un état, à un moment donné, d'un type fort ancien *qui date de l'Éocène en Europe*, qui est parfaitement caractérisé dans l'Oligocène tongrien par l'*O. longirostris*, qui se modifie ensuite légèrement dans les faluns de Bazas (*O. Gingensis*), devient plus confus dans le Miocène moyen, où il touche au *crassissima* typique, et se retrouve vivant de nos jours dans les Huîtres longirostres de l'Amérique du nord orientale (*O. Virginica*, *O. Canadensis*, etc.). Il est difficile d'imaginer des modifications mieux suivies et mieux graduées que celles que subit ce type dans cette longue suite de temps. . . »

On conviendra que je devais bien cette petite réparation de priorité aux savants naturalistes qui ont, si longtemps avant moi, entrevu les filiations lointaines de l'*O. crassissima*, et indiqué sa présence à des niveaux bien éloignés de celui qu'elle passe encore pour caractériser.

Ostrea Cherichirensis Thomas, pl. VIII, fig. [illegible]

DIMENSIONS.

Valve inférieure d'un grand exemplaire : longueur [illegible] millimètres; largeur [illegible] millimètres; épaisseur [illegible] millimètres.

Valve supérieure d'un grand exemplaire : longueur [illegible] millimètres; largeur [illegible] millimètres; épaisseur [illegible] millimètres.

Une seule valve supérieure, roulée et fruste, me semble pouvoir être sûrement rapportée à cette espèce. Elle est exogyrale et reproduit assez exactement la forme de la valve inférieure, mais elle est beaucoup moins renflée et elle ne présente aucun ornement sur sa face externe. Celle-ci est lisse et ne porte que de très fines stries concentriques correspondant aux lames d'accroissement; elle est un peu bombée dans sa région centrale, avec une chute assez brusque à gauche, où elle semble se creuser sous le crochet. Celui-ci, bien détaché et franchement incliné à gauche, forme une pointe mousse qui rappelle le crochet des vraies exogyres. Le bord gauche de la valve est droit, mince et s'engage sous le crochet, dont il est séparé par un sillon bien marqué; le bord droit est régulièrement arrondi, ainsi que le bord palléal, mais il est beaucoup plus épais que celui-ci et que le bord interne. La face interne de cette valve est encroûtée.

Valves inférieures exogyriformes, suborbiculaires, très convexes, inéquilatérales; adhérentes par leur sommet, lequel est bien détaché, avec un crochet également bien détaché, épais, arrondi, fortement incliné à gauche et creusé d'une fossette ligamentaire profonde, conique, assez étroite, légèrement dentiforme vers la base de son bord gauche. Bord palléal arrondi, mince, à bords latéraux plus droits, plus épais, le gauche s'infléchissant brusquement du côté du crochet et formant un léger sinus rentrant et flexueux avant d'atteindre celui-ci. Test assez épais, solide, orné, sur toute la face externe de la valve, de 18 à 20 côtes assez fortes, simples, arrondies, paraissant un peu tuberculeuses et rappelant par leur aspect celles des *Cardiidæ*; ces côtes sont régulièrement espacées, rayonnent du sommet jusqu'au bord palléal de la coquille et sont traversées par des zones d'accroissement très nombreuses, fines et serrées, devenant un peu saillantes et onduleuses vers le tiers inférieur de la valve. Face interne très profonde, se creusant surtout vers la région médiane de la valve, laquelle reste en équilibre lorsqu'elle est posée sur sa face inférieure. Cette cavité se prolonge légèrement sous la fossette ligamentaire; elle porte une impression musculaire latérale assez large mais très peu profonde.

Je ne connais aucune Huître tertiaire à laquelle l'*O. Cherichirensis* puisse être comparée, si ce n'est peut-être l'*O. Gramensis* Fontannes, ou quelque autre de ce groupe ou de cet horizon, avec lesquelles du reste elle ne peut être confondue. Parmi les Huîtres crétacées, elle ne pourrait être comparée qu'à certaines variétés jeunes, déprimées, arrondies et très costulées des *O. Olisiponensis* et *suborbiculata* de l'étage cénomanien d'Algérie, ou mieux encore à ces Huîtres exogyriformes et costées de l'étage campanien du Texas, qui portent les noms d'*O. torosa* d'Orbigny et d'*O. fragosa* Conrad sp.[1]. Mais elle se distingue des premières par son crochet beaucoup moins détaché et moins contourné, par ses côtes plus nombreuses et plus régulières; des secondes, par ses côtes plus espacées, moins foliacées et par son sommet moins contourné, plus gryphoïde, etc.

Les valves inférieures de cette Huître sont assez abondantes dans un conglomérat marno-sableux à ossements d'*Halitherium* et de *Mastodon angustidens* qui occupe le sommet de l'étage helvétien du Djebel Cherichira. Elles gisent là en compagnie de fragments d'*Ostrea crassissima* et *Gingensis*, de valves isolées et roulées

[1] V. Coquand, *Mon. Ostrea*, 38 et 53, et Atlas, pl. XIV, fig. 1-4, pl. XV, fig. 1, et pl. XXIII, fig. 6 et 7.

d'*O. Clot-Beyi* Bellardi, les premières provenant des molasses et des marnes de l'étage helvétien, les secondes de l'étage suessonien qui constitue la base du massif. L'état toujours très fruste de ces valves inférieures d'*O. Cherichirensis*, aussi bien que l'absence de leurs valves supérieures, indiquent suffisamment qu'elles n'occupent pas là leur niveau primitif et qu'elles s'y trouvent à l'état remanié, comme les espèces précédentes.

Tunisie : Djebel Cherichira (conglomérat du versant nord). — Étage helvétien supérieur ?

Ostrea cucullata Born, *Test. Mus. Cæs. Vindob.*, 114, pl. VI, fig. 11-12 [1780]. — Chemnitz, *Neues Syst. conch. Cab.*, VIII, t. 72, fig. a-c [1785]. — *O. undata* Marcel de Serres, *Géogn. terr. tert.*, 136, pl. VI, fig. 4-5 [1829]. — *O. undata* Goldfuss, *Petr. Germ.* [1834]. — *O. sacellus* Dujardin, in *Mém. Soc. géol. France* [1835]. — *O. cucullata* var. *Cornucopiæ* Lamk. et *Foliata* L., Cocconi, *Enum. sistem. Moll. mioc. e plioc. prov. Parma e Piacenza*, II, p. 360-361 [1873]. — *O. cucullata* var. *Comitatensis*, *Occitanica* et *Buscinensis* Fontannes, *Invert. bass. du Rhône*, II, 228-230, pl. 17, fig. 7-9, et 18, fig. 5-7 [1879]. — *O. Serresi* Tournouer, *Huîtres et. Bazas*, in *Bull. Soc. géol. France*, sér. 3, VIII, p. 296 [1880]. — *Alectryonia cucullata* Viguier, *Plioc. Montpellier*, in *Bull. Soc. géol. France*, sér. 3, t. 17, 513, pl. X, fig. 2-5 [1889]. — Nobis, var. *Byzacena*, pl. VIII, fig. 6-11.

M. Viguier a repris, en 1889, avec tout le développement qu'il comporte, l'examen des formes pliocènes de Montpellier et du bassin du Rhône qui se rapportent à l'espèce du bassin de Vienne créée par de Born en 1780 ; en même temps, il a rattaché à ce dernier type une Huître du bassin de la Loire connue depuis longtemps sous le nom d'*O. sacellus* Dujardin. Mais je ne m'explique pas pourquoi il a laissé subsister comme espèce l'*O. Serresi* Tournouër (sub *O. undata* Marc. de Serres) du bassin de la Garonne et des sables de Montpellier, espèce que Fontannes avait réunie à ses variétés *Occitanica* et *Buscinensis* de l'*O. cucullata* Born. Quoi qu'il en soit, je ne saurais mieux faire, pour ce côté de la question, que de prier le lecteur de recourir à l'important Mémoire de M. Viguier.

Des couches pliocènes de Tunisie, très voisines de la mer actuelle et en relation évidente avec la formation pliocène littorale de Monastir décrite par M. Pomel[1], m'ont fourni en assez grand nombre une variété intéressante de l'*O. cucullata*, mais assez différente des autres variétés connues. N'ayant pas à ma disposition des éléments de comparaison suffisants, je priai M. Viguier de vouloir bien comparer quelques-uns de mes spécimens tunisiens avec ceux de Montpellier et du bassin du Rhône. Il voulut bien y consentir, avec une obligeance dont je ne saurais trop le remercier. A ses yeux, l'Huître tunisienne est une forme assez nettement différente de celle de Montpellier pour mériter une distinction spécifique. Pour lui, quel que soit le degré de parenté que l'on veuille admettre entre les types de Tunisie et de Montpellier, les différences qu'ils présentent suffiraient pour repousser une identification et obliger à les distinguer sous un nom différent, comme on le ferait

(1) *Bull. Soc. géol. de la France* [illegible]

certainement sans hésiter s'ils provenaient d'étages bien distincts. L'on ne pourrait accentuer leur parenté qu'en trouvant, en Tunisie ou ailleurs, des formes intermédiaires....[1] » Ces différences, M. Viguier a bien voulu les formuler comme il suit, et je demande la permission de les reproduire textuellement, vu leur importance :

« Par leur forme générale, vos échantillons, tant jeunes qu'adultes, se rapprocheraient davantage de l'*O. cucullata* Born, dont un type, souvent bien caractérisé, est aussi très commun à Montpellier; ce type est, du reste, relié à l'*O. Serresi* par de nombreuses formes intermédiaires. Mais l'*O. cucullata* de Montpellier présente cependant avec l'Huître de Tunisie des différences notables que je résumerai ainsi :

« *a.* Dans l'Huître de Tunisie, le crochet est plus franchement et plus fréquemment rejeté en arrière que dans l'Huître de Montpellier;

« *b.* Le sillon ligamentaire est peut-être, le plus souvent, plus profond et mieux limité par des arêtes plus vives, dans l'espèce de Tunisie que dans l'*O. cucullata* de Montpellier;

« *c.* Le test de l'Huître de Tunisie paraît un peu plus compact et moins lamelleux que celui de l'*O. cucullata* de Montpellier;

« *d.* La longueur relative du crochet est plus grande dans l'Huître de Tunisie. Le rapport entre la longueur du crochet et la hauteur totale de la coquille est, en moyenne, à peine égal à 2 dans l'Huître de Montpellier, tandis que, dans celle de Tunisie, ce rapport oscille entre 2 et 3, en restant le plus souvent au-dessus de 2.5;

« *e.* Enfin, et c'est là le caractère différentiel que je considère comme le plus important, tous les individus de Montpellier (tant ceux d'*O. Serresi* que ceux d'*O. cucullata*) ont constamment les côtes moins nombreuses et généralement beaucoup plus fortes qu'elles ne le sont dans vos exemplaires, quelles que soient d'ailleurs les variations de détail dans la forme et la disposition de ces côtes, beaucoup moins polymorphes, en somme, dans l'Huître de Tunisie que dans l'Huître de Montpellier, où elles sont très variables. Ainsi, dans l'Huître de Montpellier, l'espace AB, mesuré entre trois côtes, au bord de la coquille, oscillant entre 20 millimètres

(exceptionnellement 16 millimètres) et 30 millimètres, est en moyenne de 25 millimètres, chiffre de beaucoup le plus commun, tandis que dans

[1] Communication personnelle.

l'Huître de Tunisie la même longueur ne s'éloigne guère de 12 millimètres. C'est donc une différence du simple au double.

« J'ajouterai, pour terminer, que les formes du Comtat étudiées par Fontannes, lesquelles sont identiques à celles de Montpellier, m'ont fourni absolument les mêmes résultats de comparaison, tant d'après les individus que je possède que d'après les descriptions et les figures de Fontannes : ils sont également distincts de ceux qui composent la série de Tunisie que vous m'avez communiquée[1]. . . »

Toutes ces différences observées par M. Viguier, d'une justesse parfaite pour ce qui concerne la petite série que je lui avais communiquée, différences ne dépassant pas d'ailleurs les limites des simples variations spécifiques locales dans l'ordre des Ostracés, n'auraient quelque valeur que si elles se maintenaient dans les séries plus nombreuses, telles que celle que j'ai eue à ma disposition. Mais j'ai pu constater, dans cette dernière, toutes les transitions atténuant ces différences et accusant le passage insensible d'un type vers l'autre. Ainsi, par exemple, l'examen d'une série un peu nombreuse établit nettement, dans l'Huître de la Tunisie, l'intensité du polymorphisme de la valve inférieure, auquel M. Viguier attachait une si grande importance dans ses Huîtres de Montpellier et du Comtat. Celui des Huîtres de Tunisie ne le cède en rien à celui de ces dernières. En ce qui concerne notamment le plus grand nombre et le moindre écartement des côtes de la valve inférieure dans l'Huître de Tunisie, je remarque dans celle-ci tous les degrés de variations, depuis l'exagération dans un sens jusqu'à l'atténuation complète dans le sens opposé; je vois, par exemple, à côté de spécimens à forme aplatie et évasée, dont les côtes sont relativement grosses, rares et écartées, d'autres spécimens très hauts, très étroits, dont les côtes sont fines et serrées jusqu'à *l'effacement complet*. Ainsi je possède un exemplaire adulte provenant du même gisement que tous les autres, sur lequel les lamelles d'accroissement sont à peine ondulées et ne présentent, sur toute la surface de la valve inférieure, *aucune trace de côte* si faible qu'elle puisse être; on pourra voir, dans les collections du Muséum, cet exemplaire curieux que le défaut d'espace m'a empêché de faire figurer[2].

Quant à la longueur et au redressement de la fossette ligamentaire, ils sont tout aussi variables que le nombre et l'écartement des côtes et l'on peut voir, sur la planche XIII, à côté d'un spécimen sur lequel cette partie de la coquille se relève presque à angle droit (fig. 8 et 8 *a*), un autre spécimen dans lequel la fossette ligamentaire est presque sur le même plan que l'ouverture de la coquille (fig. 6 et 6 *a*), exactement comme dans le type de Born figuré par M. Viguier[3].

---

(1) Correspondance personnelle.

(2) Depuis la rédaction de ce travail, les hasards de la vie militaire m'ayant conduit à Montpellier, où j'ai ma résidence actuelle, j'ai pu étudier moi-même sur place, dans les beaux gîtes qui avoisinent cette ville, des innombrables [illegible] de cette curieuse espèce. J'ai pu, notamment, y recueillir [illegible] les côtes comme celui de Zeitoun el Bia. (*Note ajoutée pendant l'impression.*)

(3) Loc. cit., pl. X, fig. 2.

Rien n'est plus variable que la forme générale des *O. cucullata* de Tunisie, et l'on peut dire que, dans certains cas, cette variation atteint les proportions les plus fantaisistes. Mais on peut les ramener toutes à trois formes principales : la forme large ou épatée *a*; la forme mixte ou conique *b*, rappelant plus ou moins une corne d'abondance; enfin la forme étroite et haute, ou pyramidale *c*. Toutes les formes intermédiaires les plus variées relient entre eux ces trois types de l'*O. cucullata* de Tunisie, lesquels se rapportent tous au type de Born et n'en sont, à mon avis, que des variétés auxquelles je donne le nom collectif de *Byzacena*, du nom de l'ancienne province romaine dans laquelle se trouve leur gisement. Cette variété peut être définie comme il suit, sous ses trois aspects principaux :

Forme *a* (pl. XIII, fig. 6 et 6 *a*). — C'est celle qui se rapproche le plus du type de Born et de celui de Montpellier. — Valve inférieure large et plate, à bords arrondis et évasés formés par les lames d'accroissement très débordantes, à cavité s'enfonçant largement sous la fossette ligamentaire, laquelle est elle-même plate, large, à bords peu saillants. Cette dernière a une longueur très variable, comme celle du talon, mais toujours sensiblement égale au diamètre antéro-postérieur de l'ouverture. Le talon se développe sur un axe presque parallèle au plan de l'ouverture et ne se relève que faiblement en arrière et en haut, contrairement à ce qui se voit dans les autres formes; il est généralement un peu dévié à gauche et la cavité de la valve se prolonge, dans son intérieur, jusqu'aux deux tiers environ de sa longueur; de chaque côté, les lames d'accroissement forment d'épaisses expansions foliacées qui bordent la fossette ligamentaire, laquelle a une forme conique, très large et très étalée à sa base. L'impression musculaire est latérale, assez large et assez profonde.

La face externe de la valve est couverte de grosses côtes rayonnantes, épaisses, arrondies et bien séparées; elles partent du sommet, où elles sont interrompues par les lames d'accroissement; vers le milieu de la coquille, elles tendent à se dichotomiser et se prolongent jusqu'au bord palléal. Les lames d'accroissement, épaisses et foliacées, traversent les côtes en formant de distance en distance quelques aspérités écailleuses irrégulières.

La valve supérieure, bien conforme à celle du type de Born et de celui de Montpellier, est mince, circulaire, très compacte, à face externe presque lisse ou parfois divisée en facettes polygonales non lamelleuses, supportant de petites Balanes fort analogues à celles que porte, dans les mêmes conditions, le type de Montpellier (fig. 8 et 10); la face interne est lisse et creusée assez profondément par l'impression musculaire, laquelle est à peu près aussi large que longue. Les bords de cette valve sont amincis en biseau tranchant et son crochet, assez court et obtus, ne recouvre qu'une très faible partie de la fossette ligamentaire.

Une valve inférieure, de la plus grande dimension de cette forme, mesure :

Longueur, 90 millimètres; largeur, 58 millimètres; épaisseur, 33 millimètres. — Longueur du sillon ligamentaire, 55 millimètres. — Diamètre antéro-postérieur de l'ouverture, 45 millimètres.

Une valve supérieure mesure :

Longueur, [illegible] millimètres; largeur, 44 millimètres; épaisseur, 6 millimètres.

Forme *b* (pl. XIII, fig. 8, 9 et 10). — Tous les spécimens qui appartiennent à cette forme se distinguent par une valve inférieure épaisse, très haute et conique, caractères d'autant plus accentués que le talon et le sillon ligamentaire de cette valve sont eux-mêmes plus courts et plus relevés en arrière et en haut. C'est dans ce type que se remarquent les sillons ligamentaires les plus profonds, limités par les arêtes les plus vives, ainsi que les costulations les plus fines, les plus serrées, les plus tranchantes (ou en toit) et les mieux dichotomisées, dessinant une carène médiane d'autant plus saillante que le talon est plus relevé et plus court par rapport au diamètre antéro-postérieur de l'ouverture. L'ouverture a une forme losangique plus ou moins accentuée, laquelle détermine celle de la valve supérieure (fig. 8 et 10). Celle-ci n'offre rien de particulier à noter, si ce n'est que son talon est beaucoup plus allongé que dans la forme précédente et dépasse souvent de plus de 1 centimètre le bord du sillon ligamentaire, avec lequel il forme un angle plus ou moins ouvert.

Dimensions de la valve inférieure d'un grand exemplaire :

Longueur, 89 millimètres; largeur, 47 millimètres; épaisseur, 64 millimètres. — Longueur du sillon ligamentaire, 43 millimètres. — Diamètre antéro-postérieur de l'ouverture, [illegible] millimètres.

Dimensions d'un autre exemplaire plus petit, de forme conique (corne d'abondance) :

Longueur, 77 millimètres; largeur, 38 millimètres; épaisseur, 30 millimètres. — Longueur du sillon ligamentaire, 24 millimètres. — Diamètre antéro-postérieur de l'ouverture, 35 millimètres.

Forme *c* (pl. XIII, fig. 7 et 11). — De toutes les formes de l'*O. cucullata* var. *Byzacena*, c'est la plus étroite et la plus allongée, celle qui offre les plus nombreuses et les plus bizarres variations; c'est elle, également, qui s'éloigne le plus du type de Born et de celui de Montpellier. — Tandis que les formes précédentes sont presque toujours fixées plus ou moins largement par une de leurs faces latérales, celle-ci est toujours fixée par la pointe de son crochet ou par l'arête dorsale de son talon. Suivant l'étendue et l'étroitesse de sa surface d'adhérence, la forme des deux valves varie d'une façon curieuse, tout en restant toujours plus étroite ou plus allongée que dans les formes précédentes. Plus la valve inférieure s'allonge et devient étroite, plus les côtes deviennent irrégulières, fines, serrées; elles arrivent même, sur certains points, à être remplacées par de simples ondulations des lames d'accroissement. La valve supérieure, toujours très étroite et très allongée, présente souvent une impression musculaire réduite à une simple dépression linéaire, allongée d'avant en arrière (fig. 11).

Dimensions d'une valve inférieure très allongée et adhérente seulement par la pointe de son crochet :

Longueur, 87 millimètres; largeur, 28 millimètres; épaisseur, 39 millimètres. — Longueur du sillon ligamentaire, 50 millimètres. — Diamètre antéro-postérieur de l'ouverture, 42 millimètres; diamètre transverse de la même, 20 millimètres.

Dimensions d'un autre exemplaire à surface d'adhérence plus longue et plus large :

Longueur, 65 millimètres; largeur, 30 millimètres; épaisseur, 38 millimètres. — Longueur du sillon ligamentaire, 26 millimètres. — Diamètre antéro-postérieur de l'ouverture, 46 millimètres; diamètre transverse de la même, 25 millimètres.

Autre exemplaire très court, à surface d'adhérence longue et étroite :

Longueur, 54 millimètres; largeur, 26 millimètres; épaisseur, 23 millimètres. — Longueur du sillon ligamentaire, 25 millimètres. — Diamètre antéro-postérieur de l'ouverture, 36 millimètres; diamètre transverse de la même, 22 millimètres.

De l'examen d'une vingtaine de bons exemplaires, provenant tous du même gisement, découle pour moi la conviction absolue de l'identité spécifique de l'Huître de Tunisie avec celle d'Europe, sous la réserve des variations susdécrites, lesquelles ne me semblent pas suffisantes pour permettre de les séparer. J'ai pu me convaincre également que toutes les variations de l'Huître tunisienne, qui forme dans son gisement de véritables récifs où toutes les valves sont solidement soudées les unes aux autres, sont subordonnées à leur mode d'adhérence et que, en conséquence, ces variations se manifestent dès le plus jeune âge de la coquille. C'est ce que montrent les figures ci-dessous, lesquelles représentent, d'après nature, les valves inférieures de trois jeunes sujets encore fixés :

Fig. 1.

Fig. 2.

Fig. 3.

La figure 1 représente un jeune sujet qui s'est fixé très largement sur la face externe d'une valve supérieure d'adulte, et qui a trouvé là une base suffisante pour se développer surtout en largeur, tandis que son extension en longueur s'est trouvée bornée par les limites mêmes de son support. Aussi peut-on déjà reconnaître dans ce jeune sujet tous les caractères de la forme *a* ci-dessus décrite.

Dans la figure 2, j'ai fait reproduire un très jeune sujet fixé par l'une de ses faces latérales à un support lui permettant de s'étendre régulièrement dans tous les sens. On peut y reconnaître déjà les caractères de la forme mixte *b*.

Enfin la figure 3 représente un autre très jeune sujet fixé par son arête dorsale sur une surface très étroite, très limitée dans le sens transversal, laquelle semble être la pointe du crochet d'une valve inférieure d'adulte ; aussi offre-t-il déjà tous les caractères d'étroitesse et d'allongement qui distinguent la forme *c*.

Tels sont les caractères distinctifs de la variété tunisienne de l'*O. cucullata* Born, à laquelle je donne le nom de *Byzacena*, pour la distinguer des variétés du sud-est de la France auxquelles M. Vignier a bien voulu la comparer. Je ne puis mieux faire que de renvoyer aux caractères différentiels indiqués ci-dessus. De même, pour la comparaison avec le type de Vienne, avec celui de Montpellier (*O. undata* Marc. de Ser.) et avec celui de la Garonne (*O. Serresi* Tournouër), je renvoie au très intéressant Mémoire déjà cité de M. Vignier.

Tunisie, Zeram-ed-Din, au sud-ouest de Monastir. — Étage pliocène inférieur, avec *Echinolampas* aff. *Hoffmanni* Desor, du Pliocène inférieur de Palerme, et *Schizaster speciosus* Pomel, du Sahélien d'Alger.

Algérie : environs de Tlemcen (Oran) d'après Ville (*O. sacellus*, in *Not. minér. prov. d'Oran et Alger* [1857]). Plus récemment, elle a été signalée aussi par M. Ficheur dans la Grande-Kabylie.

PECTINIDÆ.

Genre PECTEN P. Belon [1553].

Pecten benedictus Lamarck, *Anim. sans vert.*, 2e édit., VII, 100 [1836].

Plusieurs exemplaires de grands Peignes recueillis dans la molasse à *Ostrea crassissima* et *Gingensis*, Scutelles et Amphiopes, paraissent pouvoir être rapportés à cette espèce, malgré leur état un peu fruste. Ils ressemblent aussi, pour la forme, au *Pecten Kochi*, mais leurs côtes ne sont pas striées comme dans ce dernier. Ils ont les côtes un peu moins larges que le *P. subbenedictus* Fontannes.

Tunisie : Djebel Chérichira. — Étage helvétien.

GASTEROPODA.

HELICIDÆ.

Genre HELIX Linné, *Syst. nat.*, édit. X, 768 [1758].

Au-dessous des sables qui renferment la remarquable flore pliocène qui a été décrite plus haut, pages 1 à 4, vient un niveau marno-sableux plus ou moins calcarifère et plus ou moins vivement coloré par l'oxyde de fer, dans lequel j'ai rencontré, outre d'assez nombreux débris de mollusques marins fortement roulés, des moules d'*Helix* malheureusement toujours dépourvus de la presque totalité de leur coquille, souvent déformés et bien difficilement déterminables. Cependant M. A. Locard, habile malacologiste à qui j'ai communiqué quelques-uns de ces moules provenant des couches pliocènes horizontales et superficielles d'Aïn Cherichira, a pu reconnaître sur quelques-uns d'entre eux des caractères appartenant à une Hélice pliocène des environs de Constantine, l'*H. Semperiana* Crosse. Cette dernière, dont j'ai montré les affinités avec une forme actuelle, l'*H. candidissima* Drap.[1], est le type d'un groupe qui paraît avoir ses origines dans l'étage pliocène inférieur de Constantine et du nord de Biskra (*H. Tissoti* Bayan), se continue dans le Pliocène moyen et supérieur des mêmes localités (*H. sub-Semperiana* Thomas), des environs d'Oran (*H. Bleicheri* Tournouër) et du Sahara algérien (*H. sub-Semperiana*, des sondages de M'raier, Rolland). Voici, d'après M. Locard, la description de quelques-uns de ces moules d'Hélices de l'Aïn Cherichira.

Helix *aff.* **Semperiana** Crosse, in *Journ. Conch.*, IX, 357, pl. X; pl. VII, fig. 7-8 [1861]; Coquand, *Géol. et pal. rég. sud prov. Constantine*, 261, pl. XXIX, fig. 7-8 [1862].

« Moulages internes d'une coquille de taille assez petite, imperforée, d'un galbe assez globuleux; spire assez élevée, composée de cinq tours environ, à croissance assez régulière, un peu rapide; dernier tour gros, arrondi, infléchi à son extrémité; ouverture très oblique, petite, à péristome épais, continu.

DIMENSIONS.

Hauteur, 16 millimètres; diamètre, 18 millimètres.

« Il ne nous paraît pas possible de déterminer spécifiquement ces moulages, par trop mal conservés et presque toujours plus ou moins déformés. Nous reconnaissons toutefois qu'ils paraissent présenter une certaine analogie de taille et d'allure avec l'*H. Semperiana* Crosse, de la province de Constantine. Malheureusement le mauvais état de conservation des échantillons ne nous permet pas de juger suffisamment des caractères aperturaux. »

Tunisie : Aïn Cherichira. — Marnes sableuses rouges pliocènes; commun.

Helix sp. ind.

« Moulages internes d'une coquille de taille assez petite, imperforée, d'un galbe subdéprimé; spire peu élevée, composée de cinq tours environ, à croissance assez régulière, assez rapide; dernier tour arrondi, un peu

[1] Ph. Thomas, *Sur une forme ancestrale de l'H. candidissima*, in *Bull. Soc. des sc. de Nancy* [1888].

infléchi à son extrémité; ouverture très oblique, petite, ovalaire, à péristome continu, très épais; callum bien développé.

DIMENSIONS.

Hauteur, [illegible] millimètres; diamètre, [illegible] millimètres.

«Cette seconde forme, tout aussi mal conservée que la première, nous paraît cependant en être nettement distincte. Elle en diffère : par son galbe notablement plus déprimé et non pas globuleux; par sa spire moins haute, avec des tours moins étagés les uns au dessus des autres; par son dernier tour moins renflé, moins globuleux, surtout à son extrémité; par son ouverture moins oblique, bordée par un péristome plus épais, etc.»

Tunisie : Aïn Cherchira. — Marnes sableuses rouges pliocènes; assez commun.

J'ajouterai que j'ai recueilli des moules tout semblables à ceux ci-dessus décrits par M. Locard, dans les marnes à végétaux siliciés de l'Oued Mamoura (près Feriana) et dans les marnes sableuses rouges pliocènes, contenant également des végétaux silicifiés, de Bled-Douara (près Gafsa).

CRUSTACEA.

CIRRHIPEDIA. — LEPADIDÆ.

GENRE BALANUS Lamarck (1801).

La détermination spécifique des Balanes est, selon Darwin, toujours très difficile parce que les pièces operculaires, qui sont les plus importantes pour la classification, ne sont presque jamais conservées. L'ornementation et la forme en sont si variables qu'on ne peut guère s'en servir pour la distinction des types. J'ai eu recours aux lumières de mon savant collaborateur M. Peron pour déterminer une Balane qui est très abondante dans les couches gréseuses inférieures de l'Oued Mamoura, près Feriana. Il pense qu'elle peut être rapportée à l'espèce ci-dessous.

Balanus concavus Bronn, *Ital. Tertiär-Gebilde* (1831), et *Lethaea geognostica*, t. II, pl. 36, fig. 12 (1838).

C'est une espèce conique, un peu oblique, ornée de légères côtes arrondies et parfois bifurquées. Elle atteint une assez grande taille et se trouve souvent groupée. En Tunisie, elle forme des groupes souvent volumineux, soit libres, soit greffés sur des fragments de grandes Huîtres indéterminables; elle y est malheureusement en mauvais état de conservation, toujours plus ou moins fruste et souvent brisée. Cependant, sur quelques exemplaires, on distingue assez bien les côtes externes.

Le *Balanus concavus* Bronn a été signalé dans le Pliocène d'Italie et d'autres régions, ainsi que dans les dépôts glaciaires du Nord qui sont plus récents.

Tunisie : Oued Mamoura ; dans les grès molassiques de la base. — Étage pliocène inférieur ?

Balanus *aff.* **porcatus** Emanuel Da Costa, *Hist. nat. Brit.*, p. 249 [1778]. — *B. sulcatus* Bruguière, *Magas. Zool.* [1830]. — Darwin, *Monogr. of foss. Lepadidæ*, in *Mém. Soc. paléont.* [1851].

Un exemplaire de même provenance que les précédents, mais de taille assez petite et qui pourrait bien n'être qu'un jeune assez bien conservé de ceux-ci, offre pourtant une ressemblance complète avec le *Balanus sulcatus* Bruguière, espèce vivante et fossile à Saint-Paul-Trois-Châteaux, en Piémont, dans le Plaisantin, en Algérie, laquelle, d'après Darwin, est synonyme du *B. porcatus* Da Costa, et doit être désignée sous ce dernier nom. Cet exemplaire unique peut également être rapproché du *B. pictus* Münster, des terrains miocènes d'Allemagne[1].

Tunisie : Oued Mamoura. — Étage pliocène inférieur.

Algérie : Sables pliocènes des environs d'Alger.

---

[1] *Beitr. zur Petref.*, III, p. 27, pl. 7.

VERTÉBRÉS.

POISSONS.

CTENOÏDÆ.

SPAROÏDÆ.

Genre **SARGUS** Cuvier (*Sparus*), in *Ossem. foss.*, 4e édit., V, 617 (1836).

Sargus sp. — Voir pl. XIV, fig. 11.

Les dents postérieures en pavé, ainsi que les incisives tranchantes ou coniques de très petites espèces de Sargues, sont très abondantes dans les niveaux phosphatés suessoniens du sud de la Tunisie. Le niveau phosphaté inférieur du Djebel Nasser-Allah est particulièrement riche en débris de ce genre de poissons; on y trouve beaucoup de dents molaires hémisphériques ou en pavé, ainsi que de très petites dents coniques ou tranchantes dont la dentine, sans doute détruite ou corrodée par une substance acide, est souvent remplacée par une matière chloriteuse verte insoluble dans les acides.

La dent incisive que j'ai fait figurer est la plus volumineuse de celles appartenant à ce genre que j'aie rencontrées. Cette dent est conique, massive et fortement usée vers sa pointe; elle présente vers sa base un fort renflement en forme de talon.

Les premiers Sargues fossiles connus ont été trouvés dans les gypses éocènes de Montmartre. Valenciennes en a décrit trois espèces de la molasse des environs d'Alger, *Sargus Laurillardi*, *S. Ravenelianus* et *S. Sitifensis*[1].

Tunisie : Djebel Nasser-Allah, Dj. Tebaga. — Étage suessonien (niveau phosphaté).

GANOÏDÆ.

CŒLACANTHIDÆ.

Genre **MACROPOMA** Agassiz (1833).

? **Macropoma** *cf.* **Mantelli** Agassiz, *Poiss. foss.*, II, 2, 174, pl. 65 a, fig. 5-7.

J'ai rencontré, dans les marnes ferrugineuses et phosphatées du Djebel Oum-el-Ali, plusieurs Coprolithes assez volumineux et cylindriques, dont l'un mesure

[1] Ann. sc. natur., 2e sér., t. [illegible], pl. 1 (1835).

40 millimètres de long sur 18 millimètres de diamètre. Leur enroulement spiral serré montre, sur leur face externe qui est lisse, des impressions squameuses et réticulées, très analogues à celles des Coprolithes des argiles de Paris et de Londres qui sont attribués au *Macropoma Mantellii*. Malgré quelques différences dans l'aspect extérieur de ces Coprolithes, lesquels sont riches en acide phosphorique, il me semble probable que la plupart appartiennent tout au moins à une espèce très voisine de celle-ci.

Tunisie : Djebel Oum-Ali. — Étage albien supérieur (niveau phosphaté).

PLACOÏDÆ PLAGIOSTOMÆ.

SQUALIDÆ.

Genre CARCHARODON Smith.

Carcharodon *aff.* **angustidens** Agassiz, *Poiss. foss.*, III, 255, pl. 28-30 [1833]. — Nob., pl. XIV, fig. 10 *a* et *b*.

On ne saurait distinguer ces dents de celles des terrains miocènes d'Allemagne et du Piémont (Sismonda); seule, la différence de leur âge géologique motive quelque réserve sur cette détermination.

Tunisie : Djebel Nasser-Allah (versant ouest); marnes et grès à Nummulites. — Étage suessonien supérieur.

Carcharodon *aff.* **leptodon** Agassiz, *Poiss. foss.*, III, 259, pl. 28 [1833].

Même réserve que pour l'espèce précédente.

Tunisie : Djebel Guelaat-es-Snam : calcaires phosphatés. — Étage suessonien.

Genre CORAX Agassiz [1833].

Corax (*Carcharodon*) **heterodon** Agassiz, *Poiss. foss.*, III, 224 et 258, pl. 28; Reuss, *Böhm. Kreidegeb.*, 3, pl. 3, fig. 49-71.

Une dent d'assez petite taille, empâtée dans la gangue d'une Ammonite (*Acanthoceras nodosoides*) de l'étage cénomanien du Djebel Meghila, présente bien les caractères de cette espèce. Elle est pleine, courte, avec une base large et des dentelures assez fortes et homogènes. Mais il est à remarquer que le type habite en Europe un niveau plus élevé, tel que le *placner* de Saxe et de Bohême, la craie de Maestricht, etc. Une autre dent de même espèce provient de l'étage santonien de Tunisie.

Tunisie : Djebel Meghila (sommet). — Étage cénomanien. — Khanget Safsaf. — Étage santonien.

Genre OXYRHINA Agassiz (1833).

Oxyrhina Mantelli Agass., *Poiss. foss.*, III, 280, pl. 33.

Cette espèce est assez fréquente dans l'étage santonien de la chaîne de Feriana. En Europe, son niveau est la craie blanche du Kent et du Sussex, d'où provient le type. Une espèce d'Algérie, *Oxyrhina Numida*, a été décrite par Valenciennes en 1845[1].

Tunisie : Djebel Dagla; Khanguet Goubel; Khanguet Safsaf. — Étage santonien.

Genre LAMNA Agassiz (1834).

Lamna (*Otodus*) **macrotus** Agassiz, *Poiss. foss.*, III, 273, pl. 31; Woodward, *Catal. poiss. foss. Brit. Mus.* (1890).

Cette espèce, des terrains éocènes d'Europe et d'Amérique, comprise antérieurement dans le genre *Otodus* Agass., a été récemment réunie aux *Lamna* par Woodward.

Tunisie : Djebel Teldja; Chebika. — Étage suessonien (niveau phosphaté).

Lamna (*Otodus*) **obliquus** Agassiz, *Poiss. foss.*, III, 267, pl. 31, 36.

Mêmes observations que pour l'espèce précédente.

Tunisie : Djebel Teldja; Oued El-Achen. — Étage suessonien (niveau phosphaté).

Lamna crassidens Agassiz, *Poiss. foss.*, III, 292, pl. 35.

Représenté en Tunisie par quelques dents du niveau phosphaté de l'étage suessonien du Djebel Teldja (versant nord). Le type est du bassin de Vienne (Autriche).

Lamna aff. crassidens Sauvage, in *Bull. Soc. géol. France*, sér. 3, XVII, 560 (1889). — Voir, pl. XIV, fig. 8 et 17.

Diffère du type, d'après M. Sauvage, par une épaisseur plus grande et une incurvation un peu moins prononcée.

Tunisie : Oued El-Achen. — Étage suessonien (niveau phosphaté).

Lamna compressa Agassiz, *Poiss. foss.*, III, 290, pl. 37.

J'ai rencontré cette espèce de l'argile de Sheppy et du calcaire grossier de Chaumont, dans les marnes suessoniennes phosphatées du Djebel Teldja et du Djebel Guelaat-es-Snam.

---

[1] Loc. cit., I, 102.

Lamna sp. — Nob., pl. XIV, fig. 7 *a* et *b*.

Ce spécimen unique représente une dent latérale, qui diffère de celles connues par sa forme courte et plate, élargie à la base, par sa pointe très courbée en arrière, par sa torsion très accentuée sur son axe vertical et par ses dentelons basilaires nombreux, fins et aigus.

Tunisie : Djebel Teldja. — Étage suessonien (niveau phosphaté).

GENRE ODONTASPIS Agassiz.

Odontaspis (*Lamna*) **elegans** Agassiz, *Poiss. foss.*, III, 289, pl. 35-37; Woodward, *Catal. poiss. foss. Brit. Mus.* [1890].

De beaucoup la plus répandue dans l'Éocène inférieur de Tunisie, cette espèce a été récemment distraite du genre *Lamna* pour être placée dans le genre *Odontaspis*. M. Sauvage, à qui je dois sa détermination, lui réunit, à l'exemple de Le Hon[1], le *Lamna contortidens* Agass., du Miocène de Suisse et de Vienne, formé avec des dents préhensives et mieux conservées, et le *L. acutissima* Agass., de même provenance, pour les dents moyennes inférieures. Ces deux dernières espèces avaient déjà été classées dans les *Odontaspis* par Pictet[2].

Ainsi comprise, cette espèce occupe donc une aire très étendue dans la série des formations tertiaires : de la molasse helvétienne de Bordeaux, de Montpellier, du bassin de Vienne et d'Italie, à l'argile de Londres et de Paris, et, d'après les recherches des paléontologistes belges, elle descendrait même encore plus bas dans la série, jusque dans la craie phosphatée de Ciply.

Tunisie : Djebel Teldja; Dj. Blidji (versant nord); Chebika; Midès; Oued El-Aachen; Djebel Nasser-Allah; Dj. Guelaat-es-Snam. — Étage suessonien inférieur (niveau phosphaté).

Odontaspis (*Lamna*) **Hopei** Agassiz, *Poiss. foss.*, III, 293, pl. 37.

Bien conforme au type du bassin de Vienne et de l'argile de Sheppy, cette espèce est assez fréquente dans les marnes suessoniennes phosphatées du Djebel Teldja, en Tunisie; je l'ai aussi rencontrée dans le même niveau au Djebel Guelaat-es-Snam.

Odontaspis *aff.* **Hopei** Sauvage, in *Bull. Soc. géol. France*, sér. 3, XVII, 560. — Nob., pl. XIV, fig. 9 *a* et *b*.

Un seul exemplaire, de l'Éocène inférieur de la Tunisie, a été distingué par M. Sauvage du type précédent, dont il diffère assez notablement, d'après ce savant ichtyologiste, par «sa forme plus droite, ressemblant à celle de l'*Odontaspis elegans*, et par l'absence des stries qui caractérisent cette espèce».

Tunisie : Djebel Nasser-Allah. — Étage suessonien inférieur (niveau phosphaté).

---

(1) *Prélim. d'un Mém. sur les poiss. tert. de la Belgique* [illegible].
(2) *Traité de pal.*, 3e édit., II, 252 [1854].

Odontaspis (*Lamna*) **verticalis** Agassiz, *Poiss. foss.*, III, 296, pl. 37.

Cette espèce occupe en Tunisie, comme en Europe, le même niveau que l'*Odontaspis Hopei*. Je l'ai rencontrée au Djebel Tehdja, à l'Oued El-Aachen et au Djebel Nasser-Allah, dans les marnes phosphatées de l'étage suessonien.

Odontaspis (*Lamna*) **raphiodon** Agassiz, *Poiss. foss.*, III, 296, pl. 37 a.

C'est dans la craie supérieure du sud de la Tunisie que j'ai trouvé cette espèce, si répandue dans la plupart des terrains crétacés d'Europe.

Tunisie : Djebel Bagla. — Étage santonien.

CESTRACIONTIDÆ.

Genre STROPHODUS Agassiz.

Strophodus Agassiz, *Poiss. foss.*, III, 116, pl. 16-18; Woodward, *Catal. poiss. foss. Brit. Mus.* (1889).

D'après la récente revision des Élasmobranches fossiles, entreprise par le savant naturaliste du British Museum, M. S. Woodward, il a fallu distraire du genre *Strophodus* un certain nombre de dents qui ont été trouvées par lui sur des individus portant des piquants d'*Asteracanthus*. Mais, afin d'éviter toute confusion, M. Woodward pense qu'il convient de laisser provisoirement au genre *Strophodus* toutes les dents de même forme qui n'ont pas été trouvées associées à des aiguillons. Or c'est dans cette dernière condition que j'ai pu dégager d'un bloc de calcaire ferrugineux et phosphaté de l'étage albien supérieur du sud de la Tunisie, une dent malheureusement isolée et incomplète qui cependant rappelle absolument, par sa forme et ses dimensions, les dents de *Cestraciontes* du Callovien et du Kimmeridgien d'Europe nouvellement attribuées à l'*Asteracanthus ornatissimus* Agass., dents dont on trouvera de bonnes figures dans le beau livre de M. A. Gaudry sur les *Enchaînements des fossiles secondaires*[1]. En raison de son isolement et pour me conformer à la mesure prudente conseillée par M. Woodward, je continuerai donc à attribuer au genre *Strophodus* la dent du Gault de Tunisie, malgré ses affinités remarquables avec celles de l'*Asteracanthus ornatissimus*, lequel est d'ailleurs d'âge beaucoup plus ancien. Voici, au surplus, sa description sommaire :

Dent en pavé, de forme rectangulaire assez allongée, plus épaisse à son centre qu'à ses extrémités, lesquelles sont tronquées et paraissent avoir subi une légère torsion; fortement incurvée et gibbeuse dans sa région moyenne, dont la saillie conique présente une assez large surface de frottement de forme arrondie, dont l'émail d'un beau vert émeraude offre un léger pointillé analogue à celui des dés à coudre. Tout autour de cette zone centrale de frottement, l'émail se plisse en un réseau de stries

(1) P. 180, fig. 246.

rayonnantes, fines, serrées et un peu confuses, lesquelles vont en s'atténuant vers les bords de la dent. Ce devait être une dent antérieure.

Des poissons du genre *Strophodus* ont été déjà rencontrés dans les terrains crétacés inférieurs, tels que les *S. punctatus* et *S. asper* Agass. N'ayant pas à ma disposition des moyens de comparaison suffisants, je ne saurais dire si la dent du Gault de Tunisie peut être rapprochée de celles ci-dessus; mais ce qui me paraît certain, c'est qu'elle ne diffère pas sensiblement de celles de l'*Asteracanthus ornatissimus*.

Tunisie : Djebel Oum-Ali (chaîne du Cherb). — Étage albien supérieur (niveau phosphaté).

Genre **ACRODUS** Agassiz.

Acrodus Agassiz, *Poiss. foss.*, III, 139, pl. 21-22.

Un fragment de dent d'*Acrodus*, engagé dans la roche formant le moule interne d'une Ammonite de l'étage cénomanien supérieur du Djebel Meghila (*Acanthoceras* aff. *nodosoides* Schlot.), ne permet malheureusement pas une détermination spécifique. Toutefois son attribution générique ne semble pas douteuse, ainsi qu'en témoignent la saillie longitudinale et les rides ramifiées transverses de sa couronne.

Tunisie : Djebel Meghila (sommet). — Étage cénomanien.

MYLIOBATIDÆ.

Genre **MYLIOBATES** Duméril.

Myliobates Thomasi Sauvage, in *Bull. Soc. géol. France*, sér. 3, XVII, 560, fig. *a* et *b*. — Nob., pl. XIV, fig. 5 *a*, *b* et *c*.

Les fragments de dents de *Myliobates* sont extrêmement abondants dans les marnes phosphatées de l'étage suessonien du sud-ouest de la Tunisie, mais leur état de conservation est rarement suffisant pour permettre une détermination. Cependant M. Sauvage a pu reconstituer, avec les fragments que je lui ai remis, une plaque dentaire entière, qu'il a décrite comme il suit :

«Plaque dentaire supérieure. Bord antérieur fortement usé par le mouvement de frottement des mâchoires. Chevrons dentaires au nombre de cinq, à peine arqués en arrière, non onduleux; leur longueur est comprise quatre fois dans la largeur. Plaque à peine bombée; surface triturante vermiculée, avec des vermiculations assez grosses, irrégulièrement disposées. Bords externes des chevrons taillés en biseau. Rangée externe des chevrons latéraux étroite, en forme de losanges obliques, pointus.

«Quelques fragments provenant de la plaque inférieure montrent que, sur cette plaque, la racine est plus haute que la couronne.»

DIMENSIONS.

Longueur de la plaque dentaire, [illegible] millimètres; largeur, 31 millimètres; épaisseur maximum, 12 millimètres; épaisseur de la couronne, 6 millimètres; épaisseur de la racine, 6 millimètres. — Longueur du chevron médian, 7 à 8 millimètres. — Longueur d'un chevron de la rangée latérale externe, 8 à 9 millimètres; largeur du même, 3 millimètres.

Tunisie : Djebel Tebaga (versant nord); Chebika. — Étage suessonien (niveau phosphaté).

Myliobates sp.

M. Sauvage a distingué, parmi les nombreux fragments de plaques dentaires de *Myliobates* que je lui ai communiqués, quelques fragments détachés, indiquant une espèce différente du *M. Thomasi*.

Tunisie : Oued El-Aachen. — Étage suessonien (niveau phosphaté).

Myliobates sp. — Voir pl. XIV, fig. 6 *a* et *b*.

J'ai fait figurer un fragment d'aiguillon de *Myliobates*, que j'ai découvert dans les sables pliocènes des environs de Feriana.

Cet aiguillon était pourvu d'une double rangée d'épines assez fortes, en forme de dents de scie, symétriquement disposées et à pointes émoussées. L'une de ses faces, plus large et lisse, est encore revêtue de la couche corticale dure qui forme les dents de scie, tandis que sa face opposée, d'un diamètre moindre, est parcourue dans toute sa longueur par d'assez fortes stries parallèles. Les dimensions de ce fragment d'aiguillon, attribué par M. Sauvage à un *Myliobates*, sont les suivantes :

Longueur, [illegible] millimètres. — Diamètre de sa face lisse (épines comprises), 5 millimètres. — Diamètre de sa face cannelée, 3 millimètres.

Tunisie : Oued Mamoura. — Étage pliocène inférieur.

La plupart des débris de poissons dont la description précède ont été soumis à l'examen d'un savant spécialiste, M. E. Sauvage, lequel a bien voulu les déterminer et en donner une liste provisoire dans le *Bulletin de la Société géologique de France*, en 1889.

REPTILES.

CROCODILIDÆ.

Genre **CROCODILUS** Brongniart.

Crocodilus phosphaticus Thomas, pl. XIV, fig. 1-4.

Je rapporte, avec quelques réserves, au genre *Crocodilus* les pièces osseuses d'un très grand Reptile dont les restes abondent dans les dépôts littoraux et phosphatés de la mer suessonienne du sud-ouest de la Tunisie. Afin d'éclaircir mes doutes au sujet de cette attribution générique, j'ai cru devoir communiquer quelques-unes de ces pièces au professeur de paléontologie du Muséum, M. A. Gaudry, lequel a bien voulu les examiner et me faire connaître, dans les termes ci-après, le résultat de cet examen :

« Vous avez des dents d'un Crocodile qui n'ont rien de particulier... Vos os de Reptiles m'ont embarrassé; je les ai examinés avec M. Fischer. Nous pensons que le plus vraisemblable est de regarder votre os n° 1 comme une extrémité distale de *cubitus* d'un Crocodilien, et votre os n° 2 comme une extrémité distale de *radius* du même individu; votre n° 3 est, je pense, un morceau d'articulation de sa mâchoire inférieure; ils annonceraient un Crocodilien d'environ 8 mètres de long; c'est énorme..... J'avais d'abord, en voyant vos os des membres avec un creux à l'intérieur, pensé à quelque Dinosaurien, mais je viens de constater que les Crocodiles ont ces mêmes os un peu creux. Vos pièces n'ont pas, d'ailleurs, l'aspect de celles des Dinosauriens et sont moins creuses [1]... »

La grosse difficulté a donc été à peu près tranchée par le savant professeur : celle qui avait trait à l'attribution générique de ces ossements incomplets. Depuis lors, j'ai pu dégager du même bloc de calcaire phosphaté qui recélait les ossements dont il vient d'être question, une vertèbre presque entière. Par ses caractères généraux, cette vertèbre appartient au type *amphicœlien* (Owen), qui est celui des Dinosauriens; mais on sait que la plupart des Crocodiliens de l'époque crétacée étaient amphicœliens, et que même ceux de l'époque tertiaire, qui sont *procœliens* dans la presque totalité de leur colonne vertébrale, ont leurs vertèbres lombaires, sacrées et coccygiennes, amphicœliennes. Or la vertèbre dont il s'agit est, ou une vertèbre sacrée, ou une des premières vertèbres coccygiennes : elle n'infirme donc pas les indications fournies par les dents et les os des membres, lesquelles ont déterminé M. le professeur A. Gaudry à considérer le grand Reptile éocène de Tunisie comme un Crocodilien.

---

[1] Lettre du 20 novembre 1885.

Après ce qui vient d'être dit, il ne me reste plus qu'à décrire les pièces de ce grand Crocodilien, lequel est, je crois, le premier de ce genre qui ait été trouvé dans les formations éocènes du nord de l'Afrique. Quelque incomplets que soient les restes qu'une trop rapide exploration m'a permis d'extraire des calcaires et des marnes où ils abondent, les caractères remarquables de ces ossements et le rôle important qu'ils semblent jouer dans l'enrichissement des gisements phosphatés du sud-ouest, justifieront suffisamment, je l'espère, le nom spécifique par lequel j'ai cru devoir les désigner.

Dents (pl. XIV, fig. 4 *a* et *b*). — J'ai rencontré plusieurs fragments de dents de Crocodiles dans les marnes et les calcaires phosphatés du sud de la Tunisie. L'un d'eux, consistant en une pointe de dent latérale, gisait dans le même bloc de calcaire qui a fourni les ossements ci-après décrits, et appartenant vraisemblablement au même individu. C'est cette moitié de dent que j'ai fait figurer. Elle a tous les caractères des dents des vrais Crocodiles : forme conique; section transversale presque circulaire (fig. 4 *b*), avec deux arêtes longitudinales lisses et parallèles (fig. 4 *a*); incurvation légère de sa pointe; cavité interne conique; dentine épaisse et compacte, recouverte d'un émail finement strié longitudinalement (stries parallèles).

Ce fragment de dent latérale ne représente que la moitié environ de la partie libre de la dent, telle que je l'ai vue en place avant l'extraction; ce qui en reste encore mesure, au point de cassure, 10 millimètres de diamètre sur 15 millimètres de longueur. Les dimensions primitives de sa partie libre devaient être d'environ 15 millimètres sur 30. Elle rappelle assez bien, par sa forme et par ses proportions, le fragment de dent de Crocodilien de la craie de Meudon qui fut découvert par Brongniart et que Cuvier a figuré dans son grand ouvrage sur les *Ossements fossiles*[1].

Vertèbre. — La figure 3 représente, sur sa face droite, le corps d'une vertèbre amphicœlique de Crocodilien, provenant du même bloc de calcaire phosphaté qui contenait la dent susdécrite[2].

La soudure de ce corps de vertèbre avec son arc neural est peu visible, contrairement à ce qui se voit chez les Crocodiliens actuels; tout ce que l'on peut discerner, c'est que, vraisemblablement, cette soudure puissante passait à peu près par le milieu de la large et profonde surface d'implantation de l'apophyse transverse sur le corps de la vertèbre, c'est-à-dire sur un plan un peu inférieur à celui du canal médullaire circonscrit par l'arc neural. Les apophyses transverses de cette vertèbre étaient larges et puissantes, ainsi que l'on peut en juger par l'étendue de leurs surfaces

[1] *Rech. sur ossem. foss.*, IX, [illegible], pl. [illegible], fig. [illegible].

[2] Cette figure représente le corps de la vertèbre dans une position un peu penchée, par conséquent en raccourci, pour montrer le moulage du canal spinal.

d'implantation sur le corps de la vertèbre, avec lequel elles n'étaient pas encore soudées, ce qui indique un assez jeune sujet[1]; ces apophyses devaient avoir la puissance de véritables côtes. Le corps lui-même de la vertèbre est extrêmement massif, à section verticale elliptique, avec une constriction marquée dans sa région médiane, que débordent les marges articulaires antérieure et postérieure. Cette dernière est très grande, toutes les deux sont légèrement concaves et leur diamètre transversal est un peu plus étroit que leur diamètre vertical. Le bord inférieur de ce corps de vertèbre, plus étroit que son corps spinal, est aussi beaucoup moins long, creusé ou évidé en gorge de poulie par un sillon médian antéro-postérieur assez profond, que circonscrivent deux lèvres arrondies non tranchantes : il n'y a donc ici aucun vestige d'une épine inférieure. On ne distingue, sur la marge articulaire inférieure et postérieure de ce corps de vertèbre, aucune trace de cavités articulaires ayant pu correspondre à l'insertion d'os chevrons. En somme, ce qui frappe le plus dans ce corps de vertèbre et le fait ressembler davantage à ceux des Dinosauriens qu'à ceux des vrais Crocodiliens, c'est, outre la biconcavité de ses surfaces articulaires, la constriction ou l'excavation de ses faces latérales et surtout de son bord inférieur, lesquels sont largement débordés par les marges articulaires; en outre, sa surface articulaire antérieure est sensiblement plus grande que la postérieure. Voici, d'ailleurs, très exactement les dimensions de cette pièce, mesurée au moment de son extraction (elle s'est depuis beaucoup détériorée) :

	millimètres.
Hauteur de la région moyenne du corps, mesurée du bord inférieur au centre de la surface d'implantation de l'apophyse transverse........	56
Épaisseur de la région moyenne du corps, mesurée sur son bord supérieur..	56
— — — inférieur..	36
Diamètre vertical de la cavité articulaire antérieure..................	68
— transverse — —	58
— vertical — postérieure..............	65
— transverse — —	54
Longueur du corps au niveau du plancher de la cavité spinale.........	72
— — du bord inférieur des cavités articulaires...	60
Diamètre antéro-postérieur de la surface d'implantation d'une des apophyses transverses..	48
Diamètre vertical de la même surface............................	27
Profondeur moyenne de cette même surface........................	5
Diamètre vertical du canal spinal à son orifice antérieur[2]............	13
— — postérieur..............	20
— transverse — antérieur..............	25
— — — postérieur..............	20

[1] Cuvier, *Rech. sur les ossem. foss.*, 4e édit., IX, 197.

[2] Mesures prises sur le moule interne (conservé en phosphate de chaux) de cette cavité.

Depuis que ce corps de vertèbre a été figuré, j'ai réussi à dégager la presque totalité de la partie annulaire de l'arc neural et de l'apophyse épineuse qui la prolongeait. Cette pièce mesure 90 millimètres de hauteur et 57 millimètres de largeur antéro-postérieure à sa base, sur 33 millimètres d'épaisseur moyenne; elle va en s'amincissant vers la pointe de l'apophyse épineuse, qui n'a plus que 10 millimètres d'épaisseur. Le bord postérieur de l'épine est plus étroit, plus tranchant que son bord antérieur et il se dédouble, vers sa base, en deux piliers plus épais, dans lesquels se creusaient les cavités de réception des apophyses articulaires antérieures de la vertèbre suivante; l'enfoncement et l'obliquité d'une partie conservée d'une de ces cavités articulaires semblent indiquer une coaptation très intime de cette pièce vertébrale avec la suivante. Ce qui subsiste de l'apophyse épineuse au-dessus de l'arc neural indique une épine carrée, puissante, proportionnellement plus large dans le sens antéro-postérieur que haute.

Quelle place occupait cette vertèbre dans le rachis? Si, comme je le crois, elle est bien d'un Crocodilien, ce n'a pu être qu'une vertèbre lombaire, sacrée, ou une première caudale. Je ne saurais dire exactement à laquelle de ces régions elle a appartenu; je ferai seulement remarquer que la puissance de ses apophyses transverses a dû la rendre particulièrement apte à supporter la portion sacrée de l'arc pelvien, ou à servir d'attache à des muscles puissants.

Toutefois il est incontestable que, par ses articulations concaves, par sa compression latérale et l'évidement de son bord inférieur, ce corps de vertèbre semble avoir plus d'affinités avec ceux des Téléosauriens qu'avec ceux des Crocodiliens actuels. Mais Cuvier avait déjà remarqué que souvent, dans les mêmes couches renfermant des ossements fossiles de vrais Crocodiliens, on rencontre des vertèbres appartenant à la fois au système biconcave qui caractérise les Téléosauriens, au système procœlique qui caractérise les vrais Crocodiliens et même au système inverse ou opisthocœlique. Il a remarqué encore que, dans les rachis de certains Crocodiliens fossiles, tels que ceux de Honfleur par exemple [1], les vertèbres qui étaient convexes-concaves ou concaves-convexes dans les premières parties du rachis, sont simplement méplanes ou même biconcaves dans les régions postérieures. Ainsi se manifeste, dès la fin de l'époque crétacée, cette loi d'enchaînements lents et gradués qui, en ce qui concerne les Reptiles crocodiliens, a inspiré cette pensée à M. A. Gaudry : « Le type crocodilien n'est pas resté immuable pendant les temps géologiques, et

[1] Lennier, IV, fig. 2.

ses changements *ont été assez faibles* pour qu'on puisse suivre ses enchaînements[1]. . . »

Cubitus (fig. 1 et 1 *a*). — Dans le même bloc qui renfermait les ossements ci-dessus, gisaient, réunies et juxtaposées, les extrémités distales des deux os longs dont j'ai parlé plus haut, ossements que M. A. Gaudry a bien voulu étudier et me désigner comme étant très probablement le *cubitus* et le *radius* d'un même Crocodilien de taille colossale. Ces deux pièces offrent une particularité commune et intéressante, que je vais examiner immédiatement.

Elles présentent une portion de leur diaphyse, laquelle, contrairement à ce qui se voit chez les Crocodiliens actuels et chez la plupart des Crocodiliens fossiles, était creusée intérieurement d'une assez large cavité médullaire. Cette cavité (voir fig. 1 *a* et 2 *a*) ne mesurait pas moins de 20 millimètres sur 15 millimètres dans le cubitus et 30 millimètres sur 25 millimètres dans le radius, à une très faible distance de leur extrémité distale. Une aussi large cavité médullaire ne se rencontre pas, d'ordinaire, chez les Crocodiliens, tandis qu'elle atteint des proportions beaucoup plus considérables chez certains Reptiles de l'époque secondaire, tels que les Dinosauriens. A cet égard, ainsi que l'a remarqué le savant professeur du Muséum, le grand Reptile de l'éocène tunisien semble donc intermédiaire entre les énormes Lézards de l'époque secondaire et les Crocodiliens vrais tertiaires et actuels.

Le cubitus dont il s'agit est muni de son extrémité articulaire inférieure complète. Celle-ci a bien, dans son ensemble, les caractères qui se rencontrent chez les Crocodiliens actuels, si ce n'est une exagération dans la saillie de son renflement condyliforme, par lequel il s'articulait avec le *cubital* et une plus grande obliquité de la totalité de sa surface articulaire. Le corps de cet os devait avoir une forme prismatique, ainsi que l'indiquent la forte saillie de son arête postérieure et la section transversale de son canal médullaire. Ses principales dimensions sont les suivantes (voir plus haut celles de sa cavité médullaire) :

Diamètre antéro-postérieur de la surface articulaire, limitée par une légère crête onduleuse, 73 millimètres. — Diamètre transverse du renflement correspondant au cubital, 49 millimètres. — Diamètre de l'extrémité opposée de l'articulation, 22 millimètres.

Radius (fig. 2 et 2 *a*). — Cette extrémité distale de radius, trouvée avec la précédente, offre bien aussi les caractères généraux des vrais Crocodiliens. Cependant elle diffère un peu des Crocodiles actuels par ses di-

---

[1] *Enchaîn. du monde animal, foss. second.*, 265 (1890).

mensions, sensiblement égales à celles du cubitus, ainsi que par la plus grande obliquité de sa surface articulaire. Celle-ci a la forme générale d'un croissant à concavité postérieure. Au-dessus et très près de la crête légère qui limite en avant la surface diarthrodiale, au centre même de sa convexité, on aperçoit la trace d'un *foramen* arrondi de 3 millimètres de diamètre, qui a dû être l'un des trous nourriciers de l'os. La cavité médullaire de ce radius a dû être notablement plus grande que celle du cubitus correspondant, et par conséquent l'épaisseur de ses parois a dû être sensiblement moindre, toute proportion gardée. Enfin sa diaphyse devait être cylindrique, à en juger par la section de sa cavité médullaire. Voici les principales dimensions de cette extrémité distale, à laquelle devait correspondre un *radial* de grande taille, ce qui implique une main large et beaucoup plus puissante que celle des Crocodiliens actuels :

Diamètre antéro-postérieur du milieu de la surface articulaire, [illegible] millimètres. — Diamètre transverse de la même, 72 millimètres.

Le développement des cavités médullaires de ces deux fragments d'os longs, sur lequel le savant professeur du Muséum a bien voulu attirer mon attention, ainsi que le volume considérable du radius, semblent indiquer des habitudes plus terrestres, moins aquatiques que celles des Crocodiles actuels, tandis que la biconcavité de la vertèbre indiquerait plutôt des habitudes contraires. Quoi qu'il en soit, ce Crocodile a dû vivre en grandes troupes près des rivages de la mer suessonienne, hantés par des troupes non moins nombreuses de grands Plagiostomes et autres poissons des mers littorales, dont la description a été donnée plus haut. Ainsi que l'a montré mon ami et collaborateur M. le docteur Bleicher, cette remarquable population animale a contribué, dans une large mesure, à l'enrichissement des vastes gisements de *phosphate de chaux* que j'ai découverts dans les sédiments de cette mer.

Tunisie : Djebel Tebdja (versant nord). — Étage suessonien (niveau phosphaté).

MAMMIFÈRES.

SIRENIDÆ.

Genre **HALITHERIUM** Kaup [1838].

Halitherium sp.

J'ai rencontré, dans le conglomérat miocène à ossements de *Mastodon angustidens* du Djebel Cherichira, d'assez nombreux fragments de côtes d'un Sirénien, que je rapporte au genre *Halitherium*, surtout à cause de la grande épaisseur et de la très forte densité de ces os. Leur section transversale était à peu près rectangulaire, mesurant 50 millimètres sur 26 millimètres d'épaisseur. L'un de ces courts fragments montre la région angulaire de la côte, caractérisée par une épaisse callosité rugueuse qui a dû servir d'attache à des muscles très puissants.

Tunisie : Djebel Cherichira (base nord). — Étage helvétien supérieur (conglomérat marno-sableux).

TABLE DES MATIÈRES.

A. Fossiles des terrains secondaires.

B. Fossiles des terrains tertiaires inférieurs.

C. Fossiles des terrains tertiaires supérieurs.

www.ingramcontent.com/pod-product-compliance
Ingram Content Group UK Ltd.
Pitfield, Milton Keynes, MK11 3LW, UK
UKHW021510260726
13993UKWH00004B/1626

9 782329 224916